感謝

沒有你們，也沒有奇蹟——

謝謝每一位寫信來分享實戰經驗的讀者，因為你們的分享，改變了無數人的命運，你們都是天使。謝謝「食療主義」團隊，謝謝好朋友 Lulu 和 Alex 這一對最佳拍檔，謝謝我的老婆。還有，謝謝報社和出版社！

前言

這本書將為您打開大自然的藥櫥，用天然食物恢復身體的自癒能力，讓疾病自然康復。這不是一個浪漫主義者不負責任的囈語，根據美國腫瘤醫師Dr. William Li和他的團隊的研究結果，人體供血系統中有一種狀況叫「血管新生」（Angiogenesis），當人體自癒系統正常運作，「血管新生」支持我們恢復健康，當人體自癒系統失常，身體會誤判敵友，包括腫瘤、風濕、眼盲、子宮內膜異位症（Endometriosis）、失智症（Alzheimer's Disease）、糖尿病等，甚至連脂肪肥膏，背後都有「血管新生」失常的問題，與腫瘤同一個病！

自癒系統無法正常運作的結果，也會引起血管無法新生，這時候身體有了傷口就無法癒合，其他症狀還包括中風、心臟病、脱髮、男性不舉、血管硬化、周邊動脈阻塞症等等。根據李醫師，世界上有七十種病都與「血管新生」有關，但最有效的、可以雙向改善症狀的藥物，竟然來自我們的廚房，治療效果比人造的藥還更優勝！

食物不是藥物，藥物追求精準性治療，即只瞄準一個病發炮，相比之下，食療是雙向的，目標是讓身體恢復到上帝本來的藍圖，這樣，無論供血系統過於低下或者亢奮，都逐漸復原。免疫系統的健康靠養，無法用藥去「治療」，這方面可能是食療的專長。

這本書介紹的食療法適合每一位希望通過食物改善健康的人，糖尿病是其中的一種。本書強調糖尿病，是基於多過一種考慮，糖尿病人需要特別注意每一餐飯的卡路里與升糖指數，這兩者也是劃分健康食物與非健康食物的基本界線，我們索性以此作為一個嚴格的參考基礎。「實證」是本書的一個特色，在「還你自癒力」的章節中，你會發現差不多每一項關於有療效的陳述都附有相關研究的支持。一講到「健康飲食」大家就聯想到節食與捱餓，我也是其中過來人，肥胖是多種病的開始，肥胖本身就是病，減肥的痛苦驅使我發現了一個「超級新興食物無飢餓減肥法」，這是個容易執行也容易見效的飲食方法。

這本書還有另外兩個部份：「我愛廚房」分享我們的家常飲食，包括豆漿粥和豆渣饅頭，這些簡單樸素的復古食物在大城市已經很少吃得到。

大部份人的體質屬於「寒熱交雜」，很少單一「寒底」或者「熱底」，明明在冬天夏天一概怕冷卻又「虛不受補」，容易虛火上升，動不動口腔潰瘍、臉上爆痘痘、大便不正常、睡眠質量欠佳，本書的「冷腳一族自療法」章節為你破解這個健康密碼。

食療不可以代替醫藥。中、西醫和自然療法都是我們手上的工具，人間沒有完美的醫學，各種治療方法互補空白，這是尊重與愛護生命的基本態度。

「食療主義」的緣起

我的理想是把食療和天然非入侵性療法結合起來，「食療主義」是幫助我實現理想的團隊，也是有共同理想的朋友們的健康基地。

在這些年裏，我和讀者們一齊通過實戰打破很多傳統的健康謬論，發掘出一樣又一樣真正能夠幫人改善健康的天然食品，包括：椰子油、布緯食療、油拔法、行山法、古方心路通、亞麻籽油、蕎麥蜂蜜、茶籽油、桑葉茶、黑蒜、益生菌、蒜頭水、印度人參、澳洲堅果油……這些食物和方法為亞健康人士帶來轉機甚至生機。

但這些食物和營養補充品對大部份人來說都非常陌生，在市面上也幾乎沒有辦法找到，如果沒有一個團隊的支援，不可能讓這套方法實現，有了這個團隊，本書中所介紹的各種食材就有購買的地方。

除了食療，我們還從歐洲引進「生物共振」療法，「生物共振」為有需要的人度身訂造一套食療，也幫助細胞通過「運動」恢復健康。如果說食療是細胞營養學，「生物共振」就是細胞運動學，兩者的結合，組成了「食療主義」。

食療主義的聯繫方法：www. WeHerbHK.com 或者食療主義 .com

電話：2690 3128

目錄

CONTENTS

I love my kitchen, and especially the aromatic flavours emanating from the stoves

Nutritional recipes for improving faux-yin body disposition

Simple healthy recipes strengthen our self-healing power

Secret recipes from my readers

Therapeutic recipes for polycystic ovary syndrome

我愛廚房

我們家的食用不奢華，但堅持用最好的食材，也儘可能調試出最好的味道。我曾經在本系列書的第一集《天然養生藥廚～萬人實戰的食療》中分享過一些我家的自製食物，這次多得岳父岳母和我老婆帶來了一些原始樸素的復古食物，也帶來了美味的四川口味。

材料

- 花椒　一百克
- 澳洲堅果油　五百毫升

做法

把花椒倒入油中，用小火加熱至攝氏一百二十度左右，熄火，待溫度降至攝氏七十度左右，再加熱到攝氏一百二十度，再熄火。如此反覆三次後，將花椒用濾勺撈出棄之，油待降至室溫時裝瓶，放雪櫃冷藏保存以保持風味。

註

- 花椒分紅花椒和青花椒兩個品種，紅花椒以大紅袍為上品，色澤紅艷，麻香悠長。這次家裏用的是比較少見的青花椒，與大紅袍相比，大紅袍的麻味是厚重，青花椒的麻味則是透着清香，很有個性。
- 花椒油可以用於涼拌菜或吃麵時加入，只要少量，即有畫龍點睛的驚喜。

豆漿粥

材料

- 黃豆或黑豆　一杯（煮飯用的量杯）
- 白米或混合米　一杯（參考註的說明）
- 番薯　二個

做法

1. 豆子浸泡一晚，挑出不新鮮的豆子丟掉，將豆子清洗乾淨。
2. 泡好的豆子加入一公升水，用攪拌機攪拌約四分鐘。
3. 攪拌後的豆漿不需要過濾，直接倒入鍋中加熱煮滾，期間要不斷攪拌，同樣要注意「假沸」的情況（參考豆漿的做法），待豆漿徹底煮滾之後，再用中小火煮約五分鐘。
4. 豆漿倒入另一個鍋子（參考註的說明），再加入一公升水，加入米和已切成塊的番薯，用平常煮粥的方法，大火煮滾後中火煮約四十五分鐘，可按自己喜歡的濃稠度調節水的份量。

註

- 我家常用的混合米的組成是：黑糯米、糙米、紅米、蕎麥、蕎麥、小米等。
- 因未經過濾的豆漿在烹飪過程中一定會有一些豆渣黏在鍋底，如果繼續用同一個鍋子煮粥，則容易導致黏在鍋底的豆渣煮得有些焦味，影響粥的風味，故需要換一個鍋子。
- 不經過濾的豆漿含有豆子的纖維和全部營養，比用濾後的豆漿更加有益。
- 我家還時常在煮粥時加入一些浸泡過的青豌豆，又給粥增添一些新鮮豆子的清香味。
- 這樣的豆漿粥，我們也時常早晚給寶寶吃，比吃市售的放了添加劑的豆製品更健康。

材料

- 黃豆或黑豆　二百克

做法

1. 將豆子浸泡過夜，把不新鮮的豆子挑出來丟掉，清洗一次。
2. 把一半的豆子放入攪拌機，加入五百毫升水，攪拌約四分鐘，倒入鍋中；再用同樣的方法攪拌剩下的一半豆子，混合兩次的豆漿。
3. 將豆漿用紗布過濾，濾出的豆渣可以用來做豆渣饅頭。
4. 過濾後的豆漿煮滾後，再用小火煮十分鐘，即可飲用。

註

- 加熱豆漿時，要注意溫度大約至攝氏八十度左右時會出現「假沸」的現象，有泡沫快速膨脹升起，容易溢出鍋外，除了應該用深一些的鍋子煮豆漿，盡量為「假沸」的泡沫預留足夠的空間外，在「假沸」快要出現時，就要馬上轉小火；當泡沫開始慢慢上升時，可以多次少量加入一點溫水，或輕輕向鍋中吹氣，利用冷空氣減少泡沫的膨脹速度，同時不停攪拌；如果泡沫上升速度太快，也可以把鍋子暫時搬離爐子。這些方法反覆用幾次後，泡沫會逐漸減少，當豆漿真的達到一百度的穩定沸騰狀態後，泡沫也就基本上消失了大部份，繼續用中小火煮約十分鐘便可熄火。

豆渣饅頭

材料

- 製作豆漿時過濾後剩下的豆渣　二百克
- 中筋麵粉　二百克
- 酵母　三克
- 原蔗糖　二茶匙

做法

1. 將上述材料混合，加入適量水，做成軟硬適中的麵糰。因豆渣中本身含有水分，額外加入的水量要比平時做麵糰的時候少。
2. 把麵糰放在溫暖的地方，鬆弛大約十分鐘。
3. 再次搓揉麵糰，並分割成需要的大小，整形成為漂亮的饅頭狀。
4. 把整形好的豆渣饅頭放入蒸籠，饅頭之間要預留足夠的空間給發酵的環節。
5. 把蒸鍋中的水加熱至約攝氏五十度熄火，放上蒸籠，靜置三十分鐘至一小時讓饅頭充分發酵至兩倍大。
6. 加熱蒸鍋的水，待水滾之後，轉中火，蒸十二分鐘左右即可。

註

- 因饅頭中含有豆渣，故蒸的時間比平時蒸純麵粉的饅頭要稍久一些，以便充分破壞豆渣中的皂素。
- 豆渣饅頭比一般的饅頭富含更多纖維，又不會浪費豆渣，是個一舉兩得的好辦法。

涼拌豬肚

豬肚中含胃泌素，能促進胰膽素、胰高血糖素的釋放，有助於改善一型糖尿病，即胰島素分泌不足。改善日夜飲水無度、尿頻和身體消瘦虛弱。

材料

- 豬肚　一個
- 薑　約三片

涼拌料

- 黑醋　一湯匙
- 豉油　二湯匙
- 蒜　兩顆（磨成蒜蓉，加入一湯匙水）
- 花椒粉　半茶匙
- 自製辣椒醬　一茶匙
- 自製辣椒油　一湯匙
- 自製花椒油　一茶匙
- 葱（切碎）　一湯匙
- 芫茜（切碎）　一湯匙

做法

1. 剪去豬肚上的脂肪，用清水略為沖洗，撒上粗鹽兩湯匙，搓揉內外側約兩至三分鐘，沖洗乾淨，再撒上兩湯匙麵粉，重複搓揉內外側約兩至三分鐘，再沖洗乾淨即可，用這樣的方法清潔，能去除豬肚的腥味。
2. 將豬肚放入高壓鍋，加水至沒過豬肚，加入薑片，大火煮至蒸汽開始噴出，轉中小火，煮十五分鐘。
3. 將煮好的豬肚切成長短適中的條狀，加入涼拌料，即可享用。

註

- 豬肚做涼拌菜時，我比較喜歡它略帶韌性的口感；如果喜歡軟糯一些，則可以用高壓鍋多煮一會兒。
- 自製辣椒油做法，請參考《天然養生藥廚～萬人實戰的食療》P.38；自製花椒油參考本書 P.10。

自製辣椒醬

材料

- 油　五百毫升（此處是用澳洲堅果油，茶花籽油做出來的效果也很好）
- 薑片　十克
- 蔥白　十克
- 辣椒粉（比例可以自行調整，例如四川朝天椒辣椒粉的辣度較高，而韓國辣椒粉的辣度很低，這裏的配方兩者比例大約是 2:3，即是朝天椒辣椒粉 2 湯匙，韓國辣椒粉 3 湯匙。）
- 花椒粉　一茶匙（將大約五湯匙花椒，用小型攪拌機或磨粉機，打磨成粉，再用篩子篩走黃色的硬殼，保留棕色的幼細粉末，裝瓶備用。）
- 豆豉　三湯匙，略為切碎或碾碎

做法

1. 將油用中火加熱，放入薑片和蔥白，待油溫加熱至攝氏一百二十度左右，保持這個溫度，避免溫度過高令油變質，尤其不可令油冒煙。待薑片和蔥白煎至乾身，變成淺棕色，即可撈出棄之。此步驟是為取薑蔥的香味。
2. 將辣椒粉、花椒粉和豆豉加入油中，熄火，不時攪拌，令辣椒粉等能均勻受熱和吸收油脂，待溫度降至室溫，即可裝瓶。平時放在雪櫃冷藏保鮮。

註

- 若喜歡辣椒油多一些，則油的比例可以適量增加。

冷腳一族自療法

冷腳一族

定義

沒有甚麼了不起的病症，但在冬天夏天一概怕冷也怕風。需要熱的飲食，脾胃經常不舒服，大便有時困難，有時腹瀉。容易疲勞，有氣無力。

徵狀

- 明明怕冷卻經常內熱，容易口腔潰瘍，或者爆暗瘡、失眠、牙痛、牙肉發炎、排便有時困難、有時又不成形；有時候會口乾舌燥、脾氣暴躁、情緒容易失控。
- 體溫分兩截，上身明明熱得出汗，下身卻發冷，上身即使出汗，皮膚表層卻冷得起雞皮，連出的汗都好像是冷的，這樣的徵狀在夏天特別明顯。這是因為下肢的血液流通不好，血液只在上半身打轉。
- 除了飲食與生活習慣造成血液循環有問題外，如果腰椎上有骨刺，或者有坐骨神經痛，也有可能造成血液循環障礙。

主要成因

- 坐得太多動得太少，身體缺乏陽氣。
- 吃素為主，缺乏維他命 B12（可以從乳酪、海帶中補充），缺乏飽和脂肪（可以從椰子油補充）。
- 習慣晚睡、或者睡眠質量不佳。

即使以上三條成因都欠缺，只有以下一條，同樣可能成為「冷腳一族」：

● 憂思太重，想事情反反覆覆，引起自律神經疲弱（神經衰弱），中醫說的「氣鬱」，血液循環減慢。這群人中女性又比男性多。不過，男性中即使外表健壯，也會因此而成為「冷腳一族」。

要學會排解憂思與壓力，這一方面要靠自己。

養生的涵義，簡單來說就是照顧自律神經。自律神經一方面主宰我們「戰鬥或逃跑」的本能，另一方面幫助身體的修復和免疫系統的平衡。我們不可讓它只啟動前者而無法啟動後者。

如果進補好不好？

萬萬不可！氣血虛弱脾胃偏寒的人群，大部份是假寒底；如果進補，容易虛火上升，手腳冰冷的狀況未見改善，還會嘴潰瘍、臉上爆暗瘡、失眠和便秘。

甚麼叫假寒底？

按照中醫說法，寒底中分真寒底和假寒底，但身體好像天氣會不停變化，人很少是單一體質，都是寒熱夾雜比較多。

寒熱夾雜，身體中有熱，卻又因為陽氣不足，總是怕冷，中醫叫「陰虛燥熱」。

「陰虛燥熱」也可能因為以下因素形成：愛吃煎炸、辣、肉多菜少、不運動、習慣晚睡。可能還加上抽煙、喝酒。壓力大或者吃腦一族也容易成為「陰虛燥熱」體質。偏愛吃肉也一樣導至身體失衡。

如何知道自己是假寒底？

試試連續每天吃一片薑，如果幾天後嘴有潰瘍的情況，你就是假寒底，不要說吃補品，連薑都不可以常吃與多吃。

註

自律神經與非自律神經的分別

- 自律神經管心跳、出汗、荷爾蒙分泌、血液循環等自然現象，是一組不聽從人支配的神經，但會被飲食、運動、生活習慣所破壞或者所濡養。非自律神經管四肢活動、搖頭晃腦等身體活動，是一組聽從人支配的神經系統。譬如人可以支配眼皮活動，但無法支配眼淚。又譬如當人緊張會無法控制心率加速，讓心率恢復正常的是自律神經，當自律神經失常，無法讓心跳速度自律，心率就不會正常。

改善寒熱夾雜的假寒底食療

改善寒熱夾雜的假寒底，以溫暖脾胃、活血、行氣食療為主。

下頁介紹的藏紅花石斛花旗參茶、枸杞子紅棗桂圓白菊花茶、可可肉桂豆漿飲和酒釀龍眼能改善假寒底的體質。

這些食療很溫和，但不要每天喝，如果發現有熱氣就要停一停。

除了食療外，還需要加上其他配套的養生方法，泡腳是重要的環節。

藏紅花石斛花旗參茶

功能

溫暖脾胃、活血、行氣、安定神經、潤燥。月經週期與孕婦不適宜。

材料

- 藏紅花　約十條
- 石斛　約十顆
- 西洋參　五片

做法

1. 用涼開水沖洗石斛。
2. 把材料放入保溫杯內，注入熱水焗焗一小時，喝完再加水。「藥渣」不要倒掉，用一至兩杯水以文火煮二十分鐘，石斛的精華才出來。石斛的肉黏糯可以吃，但皮不可以。

加強版

諳熟醫理的好朋友「天師」伍啟天建議，脾胃寒的人加半湯匙炒米一起泡，可以暖胃。

炒米做法

普通的米放在鍋裏，不放油乾煸，開始變黃有香味就可以了。

註

- 石斛（廣東發音「盒」，國語「壺」），屬於蘭花草類，烘乾後搓成一粒粒小丸子，因為品種與產地有異而有不同的叫法與價格，但療效可能都差不多。藏紅花與紅花是兩種食材，兩種價錢。

枸杞子紅棗桂圓白菊花茶

功能

活血養血

材料

- 枸杞子　十至二十粒
- 紅棗（去核）、桂圓　各兩粒
- 白菊花　兩朵

做法

1. 所有材料用涼開水沖洗。
2. 把材料放入保溫杯內，注入熱水焗焗一小時，當茶飲用；可隔天喝。

註

- 如果有爆暗瘡、便秘、嘴潰瘍、睡不好等內熱上火現象便要停止。不適合每天晚睡或者熬夜工作的人，因為這部份人內熱嚴重，要多喝水、補充維他命C、吃奇異果一類的清涼水果。

酒釀龍眼

功能

- 溫補脾胃、安神

材料

- 酒釀　適量
- 桂圓　五粒

做法

將桂圓加入酒釀內，拌勻，隔天食用。

註

- 這食療不適合糖尿病人。
- 酒釀做法請參考我的書《天然養生藥廚～萬人實戰的食療》P.34

可可肉桂豆漿飲

功能

散寒止痛、溫經通脈，也可以改善經痛不適；孕婦不宜。

材料

- 可可粉　二茶匙
- 肉桂粉　小半茶匙
- 豆漿　一大杯

做法

1. 先煮熱豆漿；取少許熱豆漿調勻可可粉和肉桂粉。
2. 將可可肉桂混合物倒入熱豆漿內，煮一小會兒，即可飲用。

註

- 推薦選用黑豆漿，更有營養。

泡腳功效

除了溫暖身體、改善血液循環，還可以減壓、放鬆神經、安神、改善睡眠，讓疲勞的自律神經有恢復的機會，最適合吃腦一族和「冷腳一族」。

泡腳時間

最佳泡腳時間是早上八、九時或晚上八、九時，此時為身體加溫，有利於活血補腎，有改善夜尿的功效。夜尿頻的人下午四時後不要吃水果和任何寒涼的東西。

方法：可以選擇用木盆，或者塑膠盆下墊幾條毛巾保溫，或者用自動保溫泡腳盆。

水溫：約攝氏三十八度至四十度，不是越高溫越好。

時間：從二十分鐘到四十分鐘。如果泡的過程心跳明顯加快，說明水溫太高，或者泡的時間太長。人類是恆溫動物，當體溫改變幅度太大，身體為了自救就會調動能量排出多餘的熱，反而會增加心臟負擔。

加強版

之一，在水中加一把鹽。

之二，或者加一把艾葉煮滾，待溫度合適才泡腳。

之三，「食療主義」有礦物泡浴粉，把一湯匙礦物泡浴粉加入約攝氏三十八度至四十度水溫的泡腳盆中。礦物粉可放鬆神經、幫助身體排出酸性毒素。根據用家反映，連續泡一星期後，連香港腳也逐漸改善。泡腳後毋須搽潤膚膏，礦物粉會引發身體出油，自行補濕。

注意事項

泡腳時不可吹冷氣、風扇，目的是微微出汗，最好用毛巾蓋着膝蓋。泡腳不適合心臟病人，糖尿病人亦需要謹慎。

簡易養生法

持之以恆，堅持每天做，最簡單的方法已經很有效。

按摩養生法

除了用食療、泡腳改善亞健康的體質外，按摩耳朵、臉、頭等也可達至養生的功效。頭和臉部是身體中神經與血管最多也最複雜的部位，持續按摩頭、臉，不但能促進血液循環，也護髮、生髮。

緊記，剛吃完飯和飢餓的時候都不適合按摩。

秘 找穴位的秘訣

幾乎所有的穴位只要被點中都特別痠痛，這個身體的感覺引導我們判斷是否找對了穴位。

一個更容易的做法

你先把以下介紹的穴位的部位細細看一遍，會發現不外都在頭頂、後頸靠髮際、耳朵附近，而且只要按對了都有痠痛感。所以，你只要出動十指細細遍查頭、耳朵前後、後頸靠髮際附近，只要按到痠痛點就按一分鐘，這樣即使未必按準了這幾個穴位，也一樣按通了其他的穴位，對血液循環同樣有幫助。

根據研究，只是通過按摩頭皮，已經可以為頭皮消腫，改善頭皮血液循環，改善頭皮纖維化，減少皮脂，毛囊健康得到改善，自然養髮生髮。當然按摩穴位的治療效果會更大，特別是百會穴，是無法代替的。

秘 按揉穴位秘訣

身體在緩緩吐氣的時候，自律神經會自然放鬆，吸氣時神經則相對收緊，所以按揉穴位最好也配合這個規律——

先用鼻子深深吸一口氣，意想把氣吸到下丹田，即肚臍下小腹，然後徐徐吐氣，一邊按揉穴位五下，為一回合。重複吸氣到丹田，吸氣的時候不需按揉穴位。每一個穴位做六個回合。

按摩耳朵

我國對耳穴的研究已有逾千年歷史和經驗，耳朵上有二百多個穴位連結全身經絡及五臟六腑，常按摩耳朵可以暖身，對全身上下的血液循環、內分泌循環、改善自律神經都有幫助；可以減壓、紓緩疲勞、改善睡眠。

按摩耳朵的方法有很多，但如果堅持每天做，最簡單的方法可能已經很有效。這裏就介紹一個最簡單的方法。

摩擦耳朵：雙手手心把雙耳由後向前來回掃，每次一百到二百下。力氣要輕柔。

秘 加強版

在掃耳朵的同時，十指順帶摩擦後腦。

臉

把兩手搓熱，雙手輕輕覆蓋在臉與雙眼，手留在原地一分鐘。

頭

先用十指輕輕梳頭一百下，用指腹，不可以用指甲；可以改用牛角梳。然後按壓以下穴位，每個穴位一分鐘，用指腹，不可以用指甲，力度適中，毋須用暴力。

只需十指輕輕按揉頭皮，前後左右、左左右右地按揉，不可大力摩擦，這樣會破壞髮根。也可以用牛角梳代替十指。

最佳按摩頭部的時間

早上起床後，或者晚上八、九時，洗澡以後。這也是最佳的泡腳時間，大可以一面泡腳，一面按摩。這是一舉三得之法，既可改善血液循環，又可放鬆神經和保養頭髮。還有更好的時間投資嗎？

頭部按摩的好處

其實任何時候想提神醒腦都可以做頭部按摩，但記得只可以輕輕按揉，不可以暴力。頭三個穴位（風府穴、風池穴和天柱穴）在頸部，對大腦整體的血液流通很重要，頭皮的血液循環好，頭髮自然茂盛；同時也可以改善傷風感冒。

風府穴（屬督脈），與耳垂齊平，後頭骨正下方、後頸部上的凹窩處。按時力度要適中。這個穴位幫助身體散熱、排濕、改善眩暈、咽喉腫痛、失聲，改善落枕、失眠、心煩暴躁、神經性頭痛。

風池穴（屬膽經），風池穴位於後頸部風府穴兩側，與風府穴齊平，在兩條大筋頂端外緣的凹窩處。能迅速改善頭部輸血。

天柱穴（膀胱經），在風池穴下一點，同樣在頸部大筋外緣的凹窩處。中指按風池穴，食指就自然按到天柱穴。

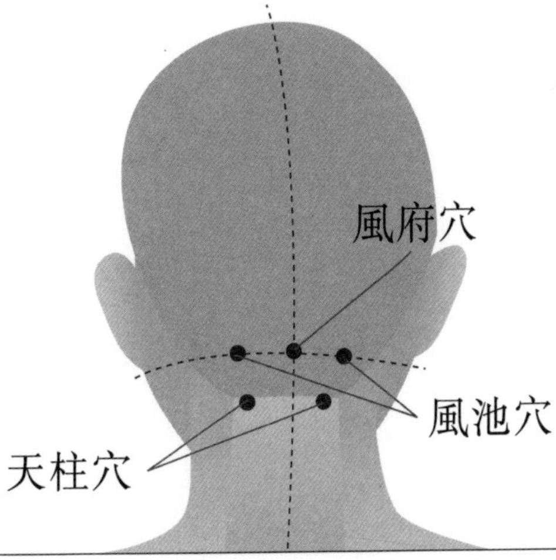

百會穴（屬督脈），在頭頂正中央稍後處。將兩耳往頭頂連成一線，從鼻樑往上連線到後腦，兩線交叉的點就是百會穴。這是所有經絡的聚合點，是讓身體升陽回暖的最重要穴位，也改善神經衰弱。按時力度要適中。

角孫穴，把耳朵折起來，貼着耳尖髮際上、頭部側邊的小凹處。兩手大拇指指腹同時點壓兩側穴位。力度輕柔。這是提升腎臟機能、養髮、生髮的重要穴位。

翳風穴，把耳朵折起來，耳垂貼着的一點，有骨縫之間的凹陷處。按壓力度要輕柔。能促進頭部血液循環，改善頭痛、眩暈。

手肘

少海穴，位於肘關節內側，橫紋的盡頭。可以寧心、安神、改善神經衰弱、改善血液循環、肋間神經痛等。

按壓時，手臂伸直，用另一隻手的大拇指指腹點壓，其餘四指揑住肘關節。

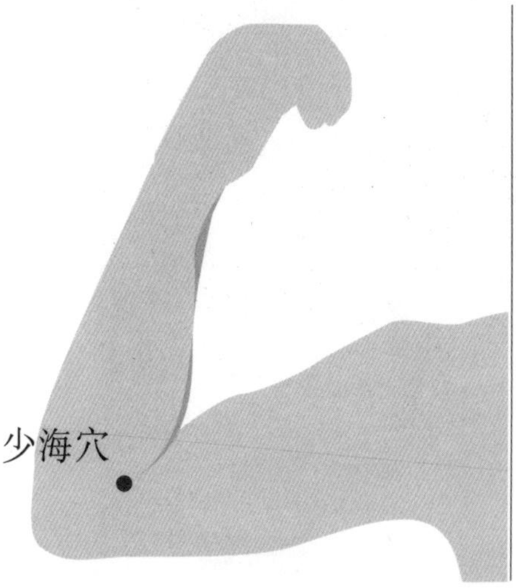

散步

每天散步半小時到一小時，對健康有莫大裨益。與其在散步機器上運動，不如在一個清新的自然環境中散步，呼吸新鮮的空氣。我們的大腦需要陽光，柔和的陽光能幫助大腦細胞再生。

散步最好結合按摩和拍打經絡

• 雙手拍打大腿外側，這是膽經。

• 拍打臀部，拍打腰椎部，舒緩久坐引起的坐骨神經痛。上下按摩腰椎兩邊的腰肌肉，至發熱，對改善膀胱有幫助。

● 散步後，再從大腿外側的膽經開始，從大腿外側往下拍打至腳踝，再拍打大腿內側的脾經，由下往上拍打至大腿根部。五分鐘。能夠拍打到發熱更好。

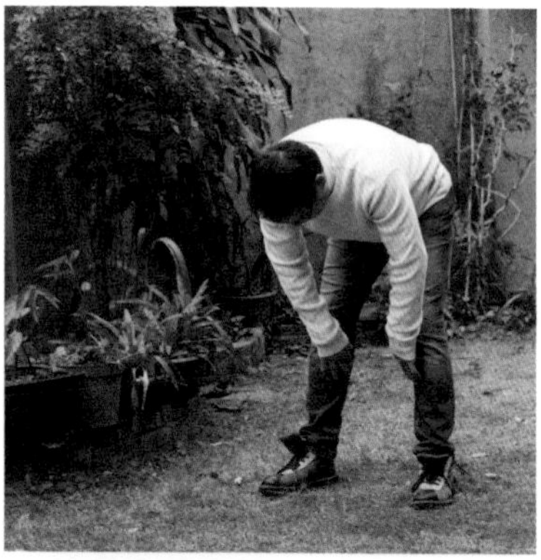

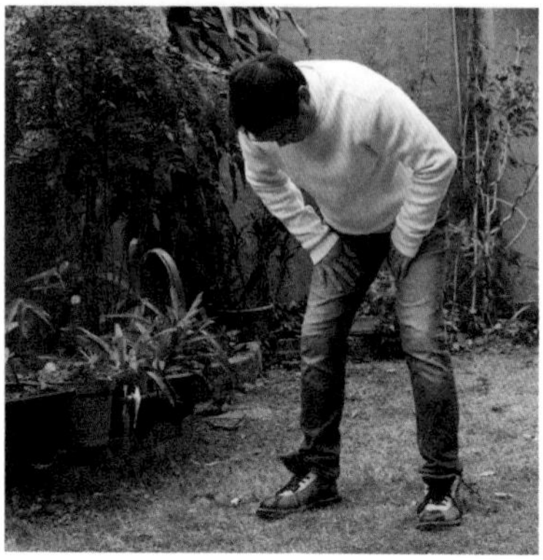

改善上身熱下身冷的穴位按摩

築賓，在小腿肚隆起的肌肉下方一指寬距離，中間靠後一指寬距離，按下去痠痛。兩腿輪流。

症狀：上身熱下身冷，腳冷，補腎，沒有力氣和精神恐懼。

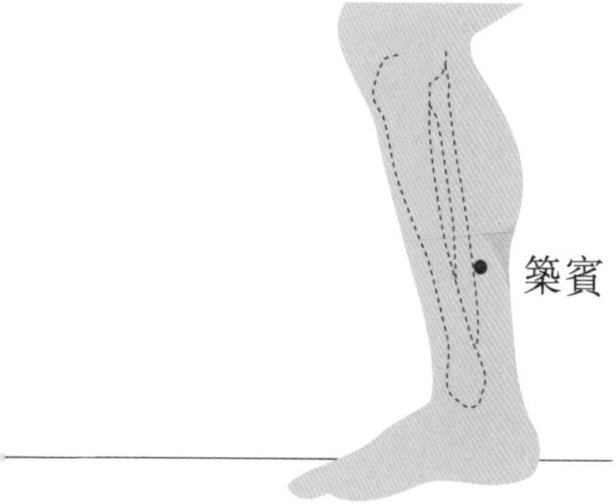

臀中，坐下來以後，在每側臀部的中間附近。坐骨神經痛的人這一點一定會痛，這個穴位就是治療坐骨神經痛的。可以拍打，也可以躺在地毯上，在這個穴位下壓一個網球作按壓。兩邊身體輪流。

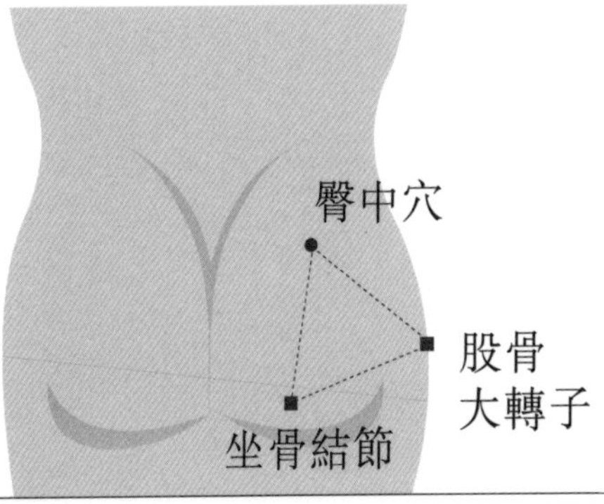

八風穴，祛風通絡，在第一至五腳趾間，趾蹼緣後方赤白肉際處，一隻腳上有四穴。按摩方法：腳翹起，用手掌扳下五隻腳趾屈向腳掌方向。兩腳輪流。

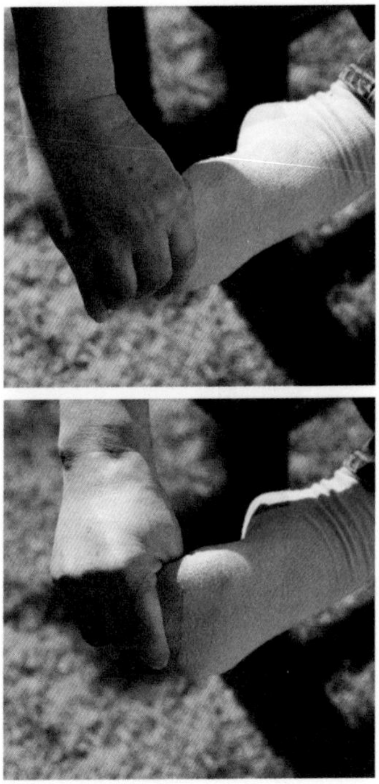

這三個穴位中有兩個屬於奇經八脈，從前只在武俠小說中讀到，現在可以親身體現這些穴位活血的威力。

還你自癒力

本章節將為您打開大自然的藥櫥，用天然食物恢復身體的自癒能力，讓疾病自然康復。以下介紹的食療法適合每一位希望通過食物改善健康的人，糖尿病是其中的一種。本書強調糖尿病，是基於多過一種考慮，糖尿病人需要特別注意每一餐飯的卡路里與升糖指數，這兩者也是劃分健康食物與非健康食物的基本界線，我們索性以此作為一個嚴格的參考基礎。

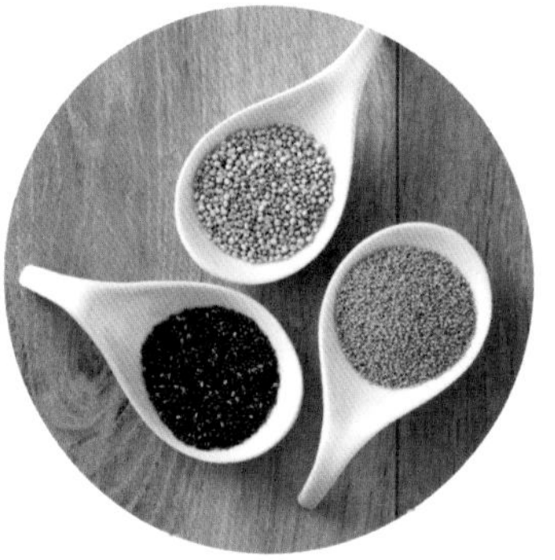

病是吃出來的

永遠無法減肥、無可救藥的飲食，排名不分先後。

習慣性地喜歡：

一、冰水

二、汽水

三、甜品、甜飲品

四、糕點、麵包當飯吃

改善糖尿病的飲食

我們的祖先在三十萬年的進化過程中生存環境非常惡劣，沒有日復一日暴飲暴食的條件，也沒有吃過垃圾食物，我們的身體中也就沒有代謝過量食物和垃圾食物的基因。這也解釋了為甚麼日復一日的過量飲食以及垃圾食物會堆積在我們的身體中，變成脂肪變成垃圾，變成一系列現代飲食帶來的流行病，譬如癌症、中風、心臟、三高、糖尿等——因為無法代謝！

引 根據 Baylor University 美國德州貝勒大學醫學中心：研究分析了一萬零七名十九至六十四歲的南韓成年人，發現每週進食兩次或以上即食麵，罹患代謝綜合症的風險增加，且女性風險較男性高。

引 根據美國《預防》雜誌：一週吃快餐食物不要超過兩次，否則身體對胰島素的敏感度會降低一倍。

進食過多鈉質（太鹹）的食品

會導致高血壓、心臟病、中風、糖尿病等；如經常吃即食麵、罐頭或醃製食品、外出用餐，必會超出攝取上限，就算在家做飯，若常喜歡用很多重味的調味料如蠔油、豆瓣醬、甜麵醬等，亦很易超標。

引 英國郵報網報道（Telegraph.co.uk）

美國佛羅里達的斯克里普斯研究所是一所非商業性的研究所（Scripps Research Institute in Florida），研究人員有史以來第一次提出：甜品、糕點、炸薯條、薯片、漢堡包、午餐肉、香腸、餅乾、甜麵包圈、汽水飲品一類的食物，對人類的大腦來説相等於海洛英！這個實驗花了三年時間考證，領導這個實驗的是神經科科學家 Paul Kenny 博士，證實垃圾食物中確實含有令人上癮的物質；而且，治療毒癮的方法，對治療暴飲暴食引起的癡肥也可能同樣有用。

飲用過多甜飲料

含糖甜飲料增加變肥機會，增加蛀牙及牙齒被侵蝕風險，對女性傷害更大，亦會增加日後骨折及骨質疏鬆機會。根據香港衛生署：若長期飲含咖啡因飲品（譬如可樂）更可能成癮，停止飲用時會頭痛、抑鬱或暴躁。

如果食物健康，只吃甜品與汽水又如何？

引 根據新南威爾士大學（The University of New South Wales，簡稱UNSW）：即使食物健康，只有高糖，一樣造成大腦迅速衰敗，大腦海馬記憶體功能衰敗後無法恢復。實驗室老鼠吃這樣的食物結構只有六天，在體重明顯增加之前，腦敗壞和記憶力衰退現象已比體重變化先發生了！

好消息是：越來越多的證據顯示，食物帶來的病也可以透過調整飲食得到改善。

> 引 Professor Roy Taylor, Newcastle University：從前一致公認二型糖尿病無法逆轉，現在知道通過控制飲食可以讓糖尿病痊癒。

即使一個人不愛吃甜品，但習慣性地每一頓都吃很多，結果也可能因為無法有效代謝而得糖尿病。

餓死糖尿病？

英國糖尿病協會（Diabetes UK）與紐卡索大學（Newcastle University）聯合做過一個實驗，讓十一個「資深」糖尿病患者通過嚴格控制飲食，在兩個月內逆轉了糖尿病，糖尿病的症狀消失了。

這其實是一個飢餓療法，這些參與者在這兩個月內，每天只容許進食六百卡路里熱量的食物，主要是流質和非澱粉類蔬菜。

六百卡路里熱量的食物具體有甚麼？舉幾個例子：大雞蛋一個（約五十八克）含熱量八十六大卡，勉強可以一天吃七個。蘋果一個約含熱量五十大卡，一天可以吃十二個。香蕉一條約含熱量八十四大卡，一天吃八條已經超標。橙一個（中）約含熱量五十大卡。或者，豬肉水餃一個約含熱量四十大卡，六百卡剛好一天吃十五個……

這樣的節食方法好比暴力減肥，雖然證明了節食有效改善糖尿病，但會帶來以後的食量反彈，引來更嚴重的健康危機。

在下一章，我們不需要捱餓，善用益生菌，一些新興的超級食物，配合適量的運動，就能改善糖尿病。

我們的方法

益生菌＋無飢餓減肥＋適量運動＝改善糖尿病

益生菌改善糖尿病

維爾紐斯大學（Vilniaus Universitetas）是立陶宛國家大學，成立於一五七九年，為波羅的海三國中最早的大學，是相當於在中國明朝已經成立的一所著名大學。二零一五年十一月，大學醫學院完成了一項針對益生菌於糖尿病的綜合論文，並曾在*Medicina*（*Kaunas*）雙月雜誌上發表了「益生菌對二型糖尿病患者葡萄糖代謝的影響」（https://read01.com/DA5mJ8.html），證明糖尿病患者可以通過補充益生菌改善症狀：

- 攝入益生菌能夠顯著改變空腹血漿葡萄糖 -15.92mg/dL。
- 能夠降低糖化血紅蛋白 (HbA1c)-0.54%。
- 多種類型益生菌聯合治療的試驗結果，發現能夠顯著降低空腹血糖 :-35.41

mg / dL。

（這樣就不用通過挨餓的辦法已經達到「早餐前的血糖水平恢復正常」！）

- 持續時間 ≥8 週的益生菌干預，能夠顯著降低空腹血糖 :-20.34 mg / dL。
- 干預時間 <8 週的時間沒有導致空腹血糖顯著降低。
- 結果證明，益生菌療法明顯降低胰島素抵抗 (WMD: -1.08) 和胰島素濃度 -1.35mIU/L。所以攝入益生菌可能適當改善葡萄糖代謝。
- 如果益生菌治療持續時間 ≥8 週或多個種類的益生菌同時進行，將有潛在的、更大的有利影響。

（這樣就已經控制糖尿病了！）

如何選擇益生菌

一、要能夠抵禦胃酸和膽酸的破壞而進入胃腸道，不是用人海戰術，以為菌的數量越多越好。

二、要能防潮防氧化，否則菌叢不能存活。

三、到達大腸後也應該能夠漸進式釋放。

不同種類的益生菌有不同的功能，人體腸道中的益生菌種有超過一千種。

我推薦的瑞典益生菌叫ProBion，按照多變的腸胃與消化情況有四種選擇，其中C字頭配方的叫Clinica，已經通過了瑞典哥德堡大學（University of Gothenburg）的臨床研究（clinical study），證實了Clinica中的**益生菌能存活至大腸中發揮功效，在比較短的時間內已經產生很大的效益，將腸癌的惡菌大幅減少，並增加多種能抗癌、抗炎的益菌**。這可能是世界上到目前為止唯一通過人體實驗證明有效的商業性益生菌。報道這個實驗的腸道專門醫學刊物叫 *BNJ Open Gastroenterology*，以下連結可以看全文 http://bmjopengastro.bmj.com/content/4/1/e000145

無飢餓減肥

英國的「餓死糖尿病療法」強調參與者吃的食物是「非澱粉類蔬菜」，針對的是經過加工的澱粉類食物，很多「減肥新手」第一樣從菜單上剔除的食物恐怕也是這類食物，包括飯、麵、包子、披薩、水餃、麵包等。可是，不吃澱粉不會有飽足感，長期不吃澱粉，肌肉會無力、人會失去活力、大腦運作越來越慢。尤其是亞洲人，傳統以來都無法離開米、麵這一類穀物。不過，這種高度加工穀物屬於快升糖類食物，即使身體健康的人吃這一類食物，不久以後血糖也會出現有如坐過山車一般的大幅起跌，

即使飯後精神飽滿，可能走出餐廳門口以前已經懨懨欲睡，甚至很快又餓；糖尿病人的確更應該少吃，但不吃又餓。

這些食物被界定為高血糖指數/低營養價值。根據CNN 2016年報道，那些特別嗜愛吃高血糖指數食物的人，譬如白麵包、白飯，比起不常吃這些食物的人來說，更可能罹患肺癌。

新興超級食物

這樣，可以代替普通飯、麵、麵包，屬於慢升糖的新興超級食物就上到我們的餐桌。

我推薦的莧菜籽（amaranth）、藜麥（quinoa）、奇亞籽（chia seeds），都是種子類食物，還有可以做成麵的蕎麥（buckwheat），都是人類最古老的食物，近年來被重新發現，被讚譽為「新興超級食物」，含有豐富的蛋白質、纖維、礦物質與維他命。

莧菜籽與藜麥中的蛋白質都具有不同尋常的高品質，是植物中罕有。一百五十克（約電飯煲一杯）的莧菜籽中含有百份之一百五十成人每日推薦的蛋白質攝入量！對素食或者少吃肉的人、消化功能弱的群體，是蛋白質的首選來源。

以上的食物都不含麩質，但市面純正的蕎麥麵很難買到，為了口感好，加了很多麵粉，可能不適合對麩質不耐受的人。

新興食物食療法要點

在以莧菜籽、藜麥等新興食物代替高升糖主食（白米飯、白麵等）的基礎上：

- 每餐七成飽，目的是逐漸減小胃容量，同時減少肝臟的負擔。要注意控制一天中的總食物份量，如果午飯吃得很飽，晚飯就少吃。

人類在進化過程中，已適應了靠很少食物便可以維持健康，大吃大喝是反基因行為。當然食物搭配要適合。

- 每一餐都有蔬菜和少量水果，主食以本文介紹的超級食物為主，以其他粗糧，譬如小米、十穀米、雜豆粥為輔，與超級食物輪流吃，或者混在一起煮食，但一定以超級食物為主。
- 椰子油（詳細介紹，請參考第五十七頁）每天一茶匙至三湯匙，根據個人需要以及個子體積增減，加入主食中吃。椰子油也可加熱炒菜。
- 強力推薦最少一餐在主食中加入一個用椰子油或堅果油炒熟的番茄。因為番茄需要用油炒熟，對身體有益的茄紅素才被分解出來。

番茄是目前在自然界的植物中被發現的最強抗氧化劑之一。哈佛大學醫學院對四萬七千名健康男性作了為期六年的研究，每週攝取十份以上番茄製品的人，發生前列腺癌的機率降低百份之四十五；又根據美國依利諾斯大學，體內茄紅素低的女性比體內茄紅素高的女性，宮頸癌的發病率要高出五倍以上。

- 經常吃魚、海參，每週至少三至四次。

魚、海參都是 Dr. William Li 推薦的有療效食物。海參能補腎益精，養陰潤燥；現代藥理研究發現海參能降血脂、降壓，可防高血壓、糖尿病，對糖尿病併發症有較好防治作用。糖尿病患者會出現燥熱肺虛，血糖升高，口乾、咽喉燥，喝水多、小便量多，多食易飢，大便秘結，海參可以改善。

魚體積越大，譬如鯊魚（魚翅）、龍躉、海豹（油），就會含有越多的水銀；旗魚（sailfish、swordfish）、鯖魚（又名青花魚 mackerel）、鯰魚（catfish）和大頭魚，這些魚都含有非常高的水銀量，不吃最好。最好找天然非人工繁殖的海產。

引 根據百度報道：人工養殖的三文魚飼料大部份是死魚或被污染的魚油，環保組織建議，人工繁殖魚類不能作為常規食品，一個月最多吃四次。

- 肉類以家禽為主，適量。每天吃蛋一至兩個。
- 紅肉少吃，甜食、汽水可以避免就避免。

引 根據美國《預防》雜誌：吃肉之前多吃醋拌涼菜。

引 根據哈佛大學公共衛生學院（Harvard School of Public Health）：吃太多紅肉容易患糖尿。加工肉製品含防腐劑、添加劑等化學物，譬如香腸、煙肉，所以更糟糕。

引 根據哈佛大學公共衛生學院（Harvard School of Public Health）專家進行的一項文獻回顧研究：每天喝一至兩杯含糖飲料，包括汽水、甜飲品之類，會讓患糖尿病風險增加百分之二十六。

冷榨椰子油

COLD PRESSED COCONUT OIL

冷榨椰子油（Raw, cold pressed coconut oil）能夠代替醣類（米飯、麵食等等），作為身體能量的來源。它的中鏈脂肪酸能夠迅速被肝臟分解，成為一種名為「酮體」的物質，直接化為能量被身體使用，不會轉換為脂肪或膽固醇儲存在身體中；在這個過程中也完全不需要借助胰島素代謝。它也是最天然的潤膚油，是改善關節炎的有效食療，是有案例可以改善失智的食療。但需要長期當成每天食物進食。不建議空肚喝油。

吃法 按照個人體積，從一茶匙到三湯匙。可以直接加在食物中，也可以高溫加熱炒菜。

勿購買精煉（refined）椰子油，它有危害心血管健康的危險。「精煉油」其實是化學氫化油，所以只要是精煉植物油，都有可能帶有殘餘化學物質，有危害心血管健康以及罹患癌症的可能，可以留意瓶子後面的「精煉」或者「refined」標籤。榨油方式是決定健康油還是非健康油的分水嶺，然後再考慮每一種油的煙點。有些油雖然標籤「冷榨」，但因為煙點低，一加熱就變成反式脂肪，譬如葡萄籽油，這種油只適合冷吃，不適合炒菜。

莧菜籽藜麥粥

莧菜籽比較濕糯，如果水放少了，會變成很硬很黏的一塊東西無法吃。藜麥反過來很鬆散，兩者合起來吃口感好，營養價值也因為協同效果而更高。

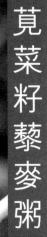

材料

- 莧菜籽、藜麥　共一杯
- 水　二至三杯

做法

1. 莧菜籽、藜麥浸泡一晚。
2. 第二天倒掉水，重新加兩至三杯清水。用電飯煲的煮飯模式烹調。
3. 可以做多一些，放在冰箱，吃多少拿多少出來加熱。

建議吃法

- 用冷榨椰子油炒一個番茄，加入飯中。

這樣的早餐很容易做好，營養價值比麵包、麵、魚蛋燒賣、香腸等不知道高出多少倍！你已經不用因為減肥而挨餓了！不要少看這一個簡單的改變，餐桌上的一小步，是走向「吃對了」的一大步。

註

- 如果可以，三餐都盡量用莧菜籽藜麥粥代替普通的飯、麵、麵包，成為你的主食。因為喜歡吃米飯、麵食、麵包、披薩、甜品、汽水、肉類、垃圾食物，不愛吃蔬菜，是最容易肥胖、最容易招惹糖尿病的群體，這類食物可以當趣味性食品，不建議當每天的食物。

兩餐之間餓了，吃甚麼？

兩餐之間餓了，吃甚麼？當然不可以吃甜品糕點，超級食物中還有奇亞籽，現在到它出場。從下面開始，進入更詳細的食療安排。

奇亞籽

CHIA SEED

奇亞籽含有豐富的奧米加3脂肪酸，服用兩湯匙已可減少血糖升高的幅度。

經常食用奇亞籽可穩定血糖，減低血的濃稠度並且減低炎症、改善血壓。

奇亞籽兩湯匙已含有十克纖維，對改善便秘很有幫助。

奇亞籽中的蛋白質含有全套二十種氨基酸的完整優質蛋白（與莧菜籽相同），在植物類的蛋白載體中非常罕見，是純牛奶蛋白含量的五倍！自古以來它被塑為戰士和運動員增強免疫力的高能食物。抗氧化性非常卓越，超越新鮮的藍莓。

吃法

按照個人需要和個子大小一天一至兩湯匙，在加了蜂蜜（糖尿病人一天一至兩茶匙）的水中浸泡至少十分鐘後飲用，不可以用攝氏六十度以上的水沖泡，最好先加入涼水，然後加入滾水。有些資料認為浸泡的時間長一些，會更利於身體吸收營養。

奇亞籽毋須烹煮便可直接浸泡食用，但不可以乾吃，因奇亞籽遇到水會膨脹，會引起吞嚥困難。

奇亞籽花粉蜜水

材料

- 蜂蜜　一至兩茶匙
- 蜂花粉（bee pollen）　五至十五克

做法

我們家把奇亞籽用水泡以後加入適量蜂蜜和花粉，用水瓶裝載帶在身邊，隨時代替水喝，在兩餐中間又餓又累的時候有神奇充飢提神的作用，這是我自己的經驗。

蜂蜜與花粉有改善糖尿病的作用

二零零四年一個杜拜(Dubai)的實驗(刊登在美國*Journal of Medicinal Food*)顯示:蜂蜜相對蔗糖或普通葡萄糖水有明顯較低的升糖效果,是糖尿病患者需要加甜時較佳的選擇。深顏色的蜂蜜含有更多的抗氧化物,譬如蕎麥花蜜,比淺顏色的蜂蜜好。蜂蜜雖然比其他糖好,但始終也是糖,成份是葡萄糖和果糖,每一湯匙含十七克碳水化合物;所以在更多的研究出現以前,還是以適量為安全。

蜂花粉是自然界最全面的營養食物之一,充滿蛋白質氨基酸、酵素以及燒脂的卵磷酸,它所含有的維他命B_6對胰腺β細胞有保護作用,能使胰腺β細胞不再受破壞,並能逐步恢復胰腺β細胞正常分泌胰島素的功能,**有助穩定糖尿病患者的血糖和病情。**

蜂王漿含有接近胰島素的物質

二零一二年，《中國結合醫學雜誌》英文版 *Chinese Journal of Integrative Medicine* 發表了一篇蜂皇漿可以有效控制糖尿病血糖高的科研文章，這篇文章在西方被廣泛引用，以致美國湯森路透公司（Thomson Reuters Corporation）在二零一三年發佈：這篇文章的影響因子（Impact Factor）達1.059，成為美國國內中醫藥類雜誌影響因子之首。

份量

根據以上的實驗報告，糖尿病人每天服一千毫克，即一克。關鍵是每天吃，不要奢望半個月就恢復正常，以上的實驗時間為期八個月！再回過頭來說，我們這一套食療的主角是益生菌。蜂王漿的味道不怎麼好，可以把它加到「奇亞籽花粉蜜」，成為一杯健康有益，對糖尿病有改善作用的充飢飲品。

有些人對蜜蜂產品可能過敏，應從少量開始，或加點水搽在手臂皮膚上等兩個小時，看看有沒有過敏發癢，從而探索和瞭解自己身體的情況。

可可粉

CACAO

糖尿病人需要節食，有一個吃不飽的心理威脅，也不知道應該吃甚麼，再介紹一個兩餐之間的食物——可可粉。

有關可可的研究在國際上有很多，可可粉有利於降低血壓及胰島素抗性。糖尿病患者血液中的高糖分會導致心血管疾病、以及末梢血液循環、眼睛和腎臟等併發症，這是最危險的。可可中含有的黃烷醇能促使血管壁擴張，有助於恢復受損的血管恢復功能，有益於糖尿病併發症的緩解。

吃法

每一湯匙有機可可粉中只含 1.6 克碳水化合物，是百份百低升糖食物，可以在可可飲品中加入一湯匙亞麻籽油，幫助軟化血管，減少身體發炎。也可以加入一些芝士，譬如茅屋芝士（cottage cheese），或者 ricotta cheese，成為一個高蛋白質點心。可可味道有點苦，可以調入各種飲品，比如蔬果汁、茶之類，我自己會混入咖啡。還可以加入果仁做的奶，譬如杏仁奶，或椰奶、燕麥奶、藜麥奶、米奶等都很有滋味。

注意要找天然有機的產品。

可可是一種植物，它的種籽是可可豆，磨成粉後就變成可可粉，因為製作工藝的分別，變成兩種不同的產品，因此有兩種英文叫法，一種叫 Cacao，另外一種叫 Cocoa，可是中文一律都叫「可可粉」。其實兩種產品的分別很大，Cacao，是原生態生磨可可粉；Cocoa，是高溫烤過的可可粉；至於第三個英文拼法 Coco，這不是「可可粉」，是女孩子的名字！

原生可可粉比起加熱處理過的 Cocoa，不但高纖，也含有豐富的酵素酶、抗氧化物質、以及鎂、鋅、鐵等。

可可粉是製造黑朱古力的重要材料，用原生可可粉的就製成原生朱古力（raw chocolate），用烤過的可可粉就會造出一般的朱古力，加糖、加奶或奶粉後就變成牛奶朱古力。但別以為一般的牛奶朱古力越吃得多越健康，有護心血管、降血壓、改善情緒等功效的是原生可可做的產品。

簡單來說，本是同根生，一個變成魔鬼食物，一個還是天使食物，神神鬼鬼都是人搞出來的。

蘋果醋
APPLE CIDER VINEGAR

臨睡前餓了吃甚麼不會肥胖？

蘋果醋可以有效平衡血糖。

研 根據美國亞利桑那州國家大學（Arizona State University）實驗報告：

十一位志願參與者都是經過醫生診斷的二型糖尿病患者，在實驗過程中，沒有服用胰島素藥物，但繼續服用處方藥。

方法：每位參與者在睡前服用兩湯匙蘋果醋，加上一安士（大概二十八克）芝士做點心。

又請同一批參與者，在另外一個晚上的入睡前吃同樣的點心但是服用兩湯匙白開水。

研究結果，在早上的時候，前一晚服用蘋果醋會令到糖尿指數下降。

這個實驗中，芝士不是主角，芝士富含蛋白質和脂肪，有很低的升糖指數，適合關注體重和糖尿人士。

根據多個實驗，蘋果醋對糖尿度數界瀕邊緣的人士，以及希望保健的人士，都有明顯的好處。

科學家結論：每天飲用蘋果醋有可能改善癡肥。

蘋果醋不建議直接喝，有人加水沖淡喝，但對黏膜可能有些刺激。由於醋酸可能影響牙齒琺瑯質，建議飲用後立即用清水漱口，或者用飲筒更好。

利用蘋果醋作為改善身體、減肥可以這樣做：

兩茶匙蘋果醋，加一茶匙生蜂蜜（raw honey），加一杯暖開水。

逐漸加大劑量到每天兩湯匙蘋果醋，一湯匙生蜂蜜。

蘋果醋沙拉：

一湯匙蘋果醋，一湯匙鮮檸檬汁，半茶匙蒜蓉，一小撮黑胡椒粉，一小撮切碎的新鮮羅勒葉（basil），澆在西蘭花、蘆筍、或者生菜上，再淋上適量橄欖油。

每天服用兩湯匙蘋果醋已經夠了，如果兩湯匙都用在沙拉上，就沒有必要再喝蘋果醋蜂蜜水。如此類推。

蘋果醋可以為淋巴排毒，增加身體的免疫功能。對免疫力低下的患者，是極好的天然強力抗菌食療。

根據「癌症的真相」網站（TheTruthAboutCancer.com），確認蘋果醋有強大的抗病菌作用，有可能替代昂貴的化學消炎藥。最為致命的其中一種病菌叫「結核分枝桿菌」，又叫TB（Mycobacterium tuberculosis），這種菌有抗消炎藥的本事，但卻能被醋酸殺死。

根據「權威營養」網頁（Authority Nutrition），其中一個日本做的研究實驗中，使用了幾種利用發酵方法生產的醋，成功促使白血病的細菌凋亡。所謂發酵方法生產的醋，除了蘋果醋，還有不加任何添加物的米醋等。惡性乳房腫瘤、大腸癌，還有肺癌、膀胱癌、前列腺癌，都被有效控制。其中成效最顯著的是大腸癌，被控制的程度是百份之六十二！

蘋果醋還可以改善結腸炎、胃潰瘍（peptic ulcers）、胃酸倒流。胃酸倒流在大部份的情形下，是因為胃酸不足。胃潰瘍很多時是因為胃中有幽門螺旋菌，蘋果醋中的成份除了醋酸，還有乳酸，可以有效改善腸道健康，實驗證明，經常服用蘋果醋，腸道中會有比較多的益生菌，減低胃腸道的病。

一天中甚麼時候喝蘋果醋最好？由於醋酸對空腹有刺激作用，最安全還是在飯後的兩頓飯之間，讓蘋果醋逐漸分解存在體內的脂肪，減低飢餓感，下一餐飯少吃一點。在睡前喝也很好，幫助身體加速消化，消除多餘的熱量。初次從兩茶匙開始，逐漸加到兩湯匙。

蘋果醋有很強而有效的抗菌性，很多人皮膚上長疣，每天看電視的時候用蘋果醋按摩患處，疣會逐漸脫落。

引 根據匹茲堡大學的一位護士 Bonnie K. McMillen，蘋果醋改善招涼後喉嚨痛的方法：

一湯匙蘋果醋，加兩湯匙水，加一湯匙生蜂蜜，加四份之一茶匙薑粉。

不要一次喝完，在一天中，每隔幾小時喝一小口，慢慢吞咽，讓喉嚨經常被這劑湯水充分濕潤。

糖是一個死穴，能代替糖的食材

糖令脂肪積累，糖令血管硬化破裂，糖令大腦退化，糖是腫瘤的食物。但食物中如果經常缺乏糖，人又會休克。我們的目的是找到一種甜來源，不但沒有一般糖造成的健康問題，還有改善健康的功效。

但絕對不是所謂「代糖」，越來越多資料顯示「代糖」有可能增加體重，不利健康。

所以我們請來了甘草、黑糖蜜和紅菜頭！

甘草

LIQUORICE

甘草是傳統中藥，西方對甘草的研究越來越熱忱，曾經被西方選為「二零一二年藥草」（Medicinal plant 2012）：「甘草有改善糖尿病的功效，不但有效降低血糖，也可以消炎，而且沒有副作用，對治療代謝失常引起的病可能有效益，糖尿病就是其中一種代謝失常的病。」

——柏林「份子基因學院」（Max Planck Institute for Molecular Genetics in Berlin）

吃法

甘草在藥材店有售，已經切成一片片，或者磨成粉，代替糖用在飲品和食品中。

一天最好不要多過兩片，不用擔心不夠甜，甘草的甜比起同樣份量的白糖甜五十倍！

黑糖蜜 BLACKSTRAP MOLASSES

黑糖蜜（Blackstrap Molasses, unsulfured）的原料是甘蔗，經過數次煮沸濃縮而成，甜中帶微苦，富含礦物質。上等品質的黑糖蜜叫 Blackstrap Molasses, unsulfured，即有機，未經硫化，保留了最高的營養價值和採取了最天然的提煉方法。

黑糖蜜比起其他經過提煉的糖（例如白糖等），血糖負荷沒有那麼高，較適合糖尿病人，但服用同時需要減少白飯白麵一類的澱粉。

吃法

一天份量從一茶匙開始。

蜂蜜、甘草、黑糖蜜是最好的替換食用，即使有益的食物，天天不斷地吃對身體也可能形成代謝壓力。身體狀況好像天氣會不停變化，食物會影響身體，連天氣的變化都會影響身體，太乾、太濕、太大風、太悶熱等都會改變身體狀況。

紅菜頭

BEETROOT

這是被證實有治療效果的蔬菜之一，研究單位包括倫敦瑪莉皇后大學、澳洲墨爾本貝克心臟與糖尿病研究所等等。

紅菜頭的甜不但對糖尿病無害，紅菜頭含有的硝酸鹽（Nitrate）效果等於降血壓的硝酸鹽（Nitrate）藥片。

每天用普通容量一杯（二百五十毫升）的紅菜頭榨汁，有益血管與動脈擴張，增加血液中氧含量，促進腦部血液循環，改善柏金遜症與老年癡呆。生的紅菜頭汁可能對胃黏膜有一些刺激，混合紅蘿蔔汁一起喝會比較溫和。紅菜頭可以削成絲加入沙拉生吃，也可以熟吃。我個人認為蒸熟後的紅菜頭比較好吃。

服用紅菜頭後大小便會紅色，是正常的，毋須要擔心，如果不放心，停服後就逐漸消失。但如果同時有其他的病，紅色的可能是血，不會因為停止服用紅菜頭而停止流血。

你的消化系統老化嗎？

吃大約一杯二百五十毫升的紅菜頭，生的或者熟的都可以，不要榨汁喝；若熟吃，不可以煎炒或者水煮，最好切成小方塊去蒸。觀察需要多久之後你才會排出紫紅色的便便，如果超過二十四小時，意味你的消化系統已存在某程度的老化。

將紅菜頭當紅蘿蔔用

紅菜頭煲甚麼湯都可以，會更甜一些，不用加蜜棗就有甜湯水。加番茄開胃好味；加粟米清甜清潤。

懶妹妹清蒸紅菜頭

清蒸紅菜頭甚麼調味料都不放也很好吃，比煲過湯之後的紅菜頭好吃得多；碟底還有紅菜頭汁可喝。

紅菜頭鱈魚蝦煲

加強版（妹妹不懶的時候）

我妹妹想偷懶的時候這樣做：

1. 紅菜頭去皮切成小方塊，放在有邊的碟子中。
2. 放電飯煲內蒸，飯熟了紅菜頭也蒸軟了。

材料

- 懶妹妹清蒸紅菜頭（湯與菜頭分開，湯喝掉，菜頭備用。蒸好的菜頭軟一點比較好吃。）
- 青檸皮蓉、檸檬皮蓉　各一茶匙
- 青檸汁、檸檬汁　各四份之一個
- 芫茜碎　兩湯匙
- 鱈魚、大蝦（去殼）　各四百五十克
- 椰子油　一湯匙
- 大洋蔥（切顆粒）　一個
- 蒜頭（剁蓉）　兩瓣
- 番茄（切塊）　五個
- 全脂椰奶　一罐
- 魚露　一茶匙
- 辣椒粉　微量

增香料

- 芫茜碎、檸檬和青檸皮蓉 各適量

做法

1. 將魚、蝦加入青檸皮蓉、檸檬皮蓉、青檸汁、檸檬汁、芫茜碎，放入冰箱，醃三十分鐘。
2. 將椰子油加熱，放入洋葱炒香，再加入蒜頭蓉爆香。
3. 加入番茄、椰奶、魚露、辣椒粉，慢火煮十分鐘，將番茄攪成醬，蓋好。
4. 將醃過的魚、蝦以及醃料一起倒進鍋，慢火煮滾，魚蝦一熟便熄火，將魚蝦撈起，以免過熟。
5. 將已經清蒸好的紅菜頭攪入鍋內。這樣，湯帶一點酸，襯托甜的紅菜頭，很醒胃。
6. 魚蝦在上菜時放回鍋面，將芫茜碎、檸檬和青檸皮蓉灑在上面，即可享用。

紅菜頭紅蘿蔔汁

材料

- 紅菜頭、紅蘿蔔　各半個
- 薑　一小片

做法

紅菜頭、紅蘿蔔和薑片一同榨汁；加一點薑是避免其中的「寒」。

紅衫魚紅菜頭雜菜湯

材料

- 紅衫魚（或者任何魚）　一條
- 紅菜頭（切塊）　一個
- 紅蘿蔔（切塊）　一條
- 西芹（切塊）　二支
- 洋葱（切粒）　一個
- 京葱（全條，切段）　一條
- 番茄（切塊）　五個
- 薑　五片
- 沸水　約二公升

做法

1. 薑爆香後，將魚煎至兩面金黃，徐徐加入少許沸水，待水再次滾，再加入少許沸水，再次滾，如是者十分鐘後，將剩餘沸水加入鍋，再加入其他材料，大火煲滾，再轉小火煲一個半小時。
2. 熄火焗三十分鐘，加適量鹽調味。

紅蘿蔔

CARROT

經過人體實驗證明，紅蘿蔔對預防和改善糖尿病有效。研究者包括哈佛研究院、美國明尼蘇達大學公共健康學院、美國疾病控制與防治中心的流行病專家：「研究人員對四千五百人歷時十五年的追蹤調查證明，血液中類胡蘿蔔素水平高的人與水平低的人相比，患糖尿病危險只有百份之五十。」

每天用兩條紅蘿蔔榨汁飲用，連續喝一個月，有可能引起皮膚與眼白發黃，雖然停服用後一個星期會逐漸消失也沒有副作用，但也沒有必要每天喝那麼多；煮熟後吃不會影響皮膚顏色。

原味乳酪

NATURAL YOGHURT

原味乳酪（All natural yoghurt）含有某些種類的益生菌，在益生菌被證實對糖尿病有改善作用之前，原味無糖有機乳酪已經被譽為糖尿病人最好的食物。

建議把乳酪放在家庭餐桌上，這不但是糖尿病人的最佳食物，也是一切希望腸道健康的人應該常吃的食物。乳酪中可以加各種水果，這更不用說了，不過對糖尿病患者來說，太甜的水果，譬如芒果、香蕉、榴槤、蘋果之類，就不太適合。

我會把乳酪混入各種食物中，乳酪中的奶香和酸味很醒胃，食物加了乳酪後也變成中東口味！

要選擇原味無糖乳酪，以有機、標籤上標明蛋白質接近五克的最好，蛋白質低了營養價值就低了。不要擔心奶類的脂肪高，但要控制紅肉份量。

紫菜

NORI SEAWEED

紫菜中含有紫菜多醣，有明顯降低空腹血糖的效果。二零一一年曾經綜合分析了一百項有關紫菜的研究，結論是紫菜對改善糖尿病和高血壓有幫助，亦減低腸瘜肉、腸癌的風險。紫菜含豐富的碘，適合魚吃得少的人。紫菜含有大部份陸地上的食物所缺乏的礦物質和微量元素，包括長壽礦物質硒，還有最重要的葉酸。紫菜中的碘，對因為缺碘而功能偏低的甲狀腺患者有改善的作用，比碘補充品更好；但如果甲狀腺亢奮，就應先諮詢醫生。

市面上紫菜的產品有好幾種，譬如煲湯用的昆布海苔、海帶，有新鮮的也有乾的；也有烘乾後造成一張紙般的日式紫菜，通常用來捲壽司、包飯糰，亦可以空口吃。超市中有加工過的紫菜零食，選購這些零食要看添加的調味料是否有不健康的成份，如果是海鹽和帶甜的味醂那是可以的。糖尿病人最好還是吃原味。

紫菜或海帶煲湯是一種家常菜，這裏就不多說。

要介紹的是日本式壽司紫菜，吃這種產品比吃紫菜湯更方便，可以變成經常性的飯桌食物。

一張捲壽司的紫菜比一張普通A4白紙小，在超市有售。我家的吃法很隨意，可以把它撕碎放在食物中，或者包食物、直接吃也很香。建議一天吃兩張紫菜。

紫菜捲淮山

市場上有新鮮的淮山出售，
它是一種穩定血糖的好食物。

吃法 新鮮淮山去皮，切塊，蒸熟之後包紫菜吃。

紫菜包椰菜花

椰菜花煮熟，包紫菜吃。蘸一點原味乳酪，很醒胃。

註

- 削新鮮淮山皮時，宜帶上手套，因它的汁液會令皮膚敏感。

咖啡

COFFEE

根據美國《赫芬頓郵報》（*The Huffington Post*）報道，哈佛大學公共衛生學院（Harvard School of Public Health）的一項研究指出：「如果你習慣了每天喝一些咖啡，但在四年的時間內，可以逐漸增加到超過一杯，比起其他不改變咖啡飲用量的人，你患上二型糖尿病的風險降低百份之十一。」

一杯咖啡的份量是大約一至兩茶匙咖啡粉。

這項研究不是鼓勵我們無限制地灌咖啡，過濃的咖啡令人攝入過量咖啡因，同樣弊大於利。不是越多越好，是夠了就是好。如果喝了以後反而瞌睡、煩躁，就應該停兩個星期，以後也不要每天喝。所有刺激性的食物都不建議每天連續性飲食。

事實是：有不少咖啡上癮的人在戒掉咖啡以後，健康才逐漸恢復。咖啡有抑制飢餓感的功效，於是有人空肚喝咖啡，希望減少食欲，這會刺激胃膜，引起胃酸問題，日復一日，腸胃會提前老化，早衰與重大健康問題於是徐徐開幕。

喝咖啡放甚麼調味？
當然不是糖和奶！

咖啡加椰子油

隨意加一至兩茶匙椰子油進咖啡內，能增加口感，也會減少飢餓感。

註

- 當溫度低於攝氏二十四度左右，椰子油會凝固成雪白的膏狀；反之，高於上述溫度時，椰子油會溶化成晶瑩的液體。

卵磷脂

LECITHIN

市面上的卵磷脂（lecithin）有兩種，一種是營養補充品，一種是食物；這裏指的是食物，在少數的超市和健康食品店中可以找到。

卵磷脂可防止細胞膜硬化，我們每一個主要器官都有卵磷脂的組成。科學家在一八一二年先從人腦中找到卵磷脂，凸顯了卵磷脂對提升腦細胞健康的重要，可以改善腦退化、增強大腦活力，消除大腦疲勞，增強記憶力，而且能修復受損傷的腦細胞。科學家先後從蛋黃和大豆中分離出卵磷脂。動物肝臟、紅肉、雞蛋、花生、椰菜花和橙含有較豐富的卵磷脂，但補充品的製成較多利用黃豆和蛋黃。

我第一次聽見有人找卵磷脂，是一位哺乳媽媽，她遇到了哺乳媽媽們經常遇見的問題：乳腺不通暢，塞住了。卵磷脂原來可以通乳腺，而且效果很理想！

卵磷脂為血管壁提供一種潤滑劑的功用，脂肪和膽固醇因此不容易黏連在血管，順利到達肝臟然後被轉化成能量供身體使用，可以有效降低膽固醇和三酸甘油酯，等於也為你減肥了，對糖尿病有療效的食物基本上對減肥都有效！

吸煙者肺部的卵磷脂含量只相當於不吸煙者的七份之一！所以吸煙者大多肺泡乾燥，即使大家呼吸一樣的空氣，但吸煙者從空氣中攝取的氧分嚴重不足，症狀嚴重的時候會呼吸困難，靠吸氧氣瓶維持生命。卵磷脂具有很好的親水性，能使肺泡保持濕潤，提高氧氣的攝入量。戒煙的人也需要恢復肺部中卵磷脂的含量，以保證攝入足夠的氧氣。

吃法 每天早餐的時候將一湯匙卵磷脂加在食物中就可以了，很方便。

但還是要從少量開始，看自己身體有沒有不良反應。卵磷脂一般沒有副作用，據說美國食品藥物管理局（FDA）甚至要求奶粉要有一定的卵磷脂份量。

卵磷脂可可超級咖啡

在早餐後，繁重的吃腦工作開始之前，沖一杯咖啡，在咖啡中加入一湯匙可可粉、一湯匙卵磷脂，有需要的時候加入一至兩片甘草。甘草需要時間泡，甜味才跑出來，而且泡的時間越長越甜！如果先把甘草煮一下再沖咖啡，甜味馬上就出來。喝一杯「卵磷脂可可超級咖啡」，不久以後，你會發現體力提升，精神很集中，而且耐力持久。

桑葉茶

MULBERRY LEAF TEA

中外對桑葉茶都有很多研究。桑葉中的「生物鹼」比其他動、植物多很多，可以降低餐後血糖、穩定空腹血糖、預防胰島素抗性的失調。

根據李威廉醫師研究顯示：茶在單獨使用時效果不高，當把兩種茶混合起來的時候，抗血管增生的效果比各自單獨使用來得高，也就是說這些食物有「協同效果」。

譬如桑葉茶加香片，就有很好的效果。

由於茶有降血糖的功效，最好在飯後喝，否則可能引起眩暈、作嘔。如果覺得寒，可以加十粒枸杞子。

山茱萸桑葉茶

這茶能改善糖尿病人常有的口乾，煩熱症狀；也改善一般人經常疲勞困倦狀態，頭暈目眩，小便頻，虛汗多。

材料

- 山茱萸、枸杞子、覆盆子　各十五克
- 桑葉茶包（每包兩克）　七個

做法

山茱萸、枸杞子、覆盆子和桑葉茶包放入保溫壺內，注入沸水，代茶飲用喝一天。

醒腦降脂飲

這是另外一個食療，雖然內裏沒有桑葉茶，但能改善糖尿病人常有的口乾，煩熱症狀，旨在換換口味，也讓糖尿病病人吸收不同的營養。同時可以改善高血脂，腰膝酸軟、頭昏耳鳴等症狀，適合肥胖人士。

材料

- 枸杞子、山楂、丹參　各十克
- 何首烏　十五克
- 決明子　十二克

做法

用約兩公升水，以小火煮以上材料，取汁約一公升半，儲於保溫瓶中，代茶飲用。

番石榴葉茶

番石榴葉茶有助於糖尿病人降血脂、增強胰島素的敏感性，穩定血糖；也適合高血壓、血壓偏高的人群飲用。

高血壓的形成，其中一個因素是人體內的鈉元素過高，番石榴葉中的膳食纖維和微量元素有幫助排出過多的鈉。番石榴葉茶中含有一定的番石榴甘，能令血管擴張，達到降血壓的作用。

• 乾番石榴葉

• 新鮮番石榴葉

材料

• 番石榴葉　五克

做法

番石榴葉放入保溫壺內，注入沸水，代茶飲用喝一天。

石榴

POMEGRANATE

現代人的流行病譬如糖尿病、高血壓、肥胖、心臟病、情緒病，都被證實在石榴中有解藥，甚至改善男女生育，還有對治療多種癌症都有幫助。石榴汁能抑制與二型糖尿病有關的「惡性」激素分泌，從而預防糖尿病。這是根據日本《國家地理》雜誌二零一二年七月十八日報道，日本近畿大學的一項研究發現。該結果發表在美國的《生物化學與生物物理學研究通訊》上。

吃法

每天喝一百五十毫升到五百毫升，就是大半水杯至兩水杯的量。建議空肚喝會更有效。

紅色的石榴還有個綠色的親戚叫番石榴，這兩種石榴的醫療效果非常相似，國外學者比較多研究紅色石榴。

藍莓

BLUEBERRY

每週吃三次藍莓可以降低患二型糖尿病風險百份之二十六，吃三次葡萄或者葡萄乾可以降低百份之十二，吃三次蘋果或梨可以降低百份之七。

這是根據《英國醫學雜誌》的一篇文章，文章綜合了三份科研報告、以及美國、英國、新加坡科研人員對十八萬七千人食譜的研究結果。

根據英國糖尿病協會：降低患二型糖尿病的最好方法是採用包括多種水果蔬菜的平衡健康食譜，並保持適量的運動。

可以把水果攪拌打爛後喝果漿，但喝過濾掉渣的純果汁是反作用，可能增加百份之八的糖尿病風險！

肉桂粉

CINNAMON

根據二零一六年美國《營養和飲食研究學會期刊》(*Journal of the Academy of Nutrition and Dietetics*)一篇報道，作者比較了過去十一項使用肉桂治療糖尿病的臨床報告，建議肉桂可能對糖尿病有改善作用，但無法代替藥物。

吃法

將肉桂粉加到咖啡、茶、食物中。

每天不要多過半茶匙，如果有虛火引起口腔潰瘍或者喉嚨痛就要停。肝病患者不適合。

橘類水果
CITRUS FRUIT

橘類水果富含維他命C和纖維素，糖尿病患者體內一般缺少維他命C。有動物實驗發現，橘的提取物能延緩葡萄糖的吸收，抑制葡萄糖流入小腸和肝臟。

根據《預防醫學》（*Preventive Medicine*）報道，橙能幫助糖尿病患者進行病情管理，柚子、檸檬和其他橘類水果也有類似效果。建議每天吃一份橘類水果，如一個中等大小的橙或西柚。橙不要吃得太多或喝橙汁，因為糖分也比較高。

堅果

NUTS

根據美國《赫芬頓郵報》（*The Huffington Post*）報道：經常食用堅果、種籽、譬如杏仁、核桃、葵花籽、南瓜子等等，糖尿病風險會降低。不建議吃加過鹽的加工堅果，要吃原味的。

花生原來屬於豆類（legume），但也能起到作用。

沒有「最好的堅果」這個說法，反而同一樣堅果不可以每天吃，否則身體會產生代謝困難，成為健康障礙。

吃法

在餓的時候吃一小把混雜的堅果就可以了，一天最好不要多過一把。

注意

發霉變味的堅果和花生含致癌物，一定不可以吃！

水

WATER

人體的血液中超過百份之九十是水，不是果汁，不是茶，不是奶茶、不是咖啡、不是菜湯、不是粥水、不是公仔麵湯、不是甜品、不是汽水，不是酒，沒有任何飲料可以代替白開水。人如果脫水，就會便秘、偏頭痛、高血壓、皮膚粗糙、情緒不穩定、口臭、喉嚨痛、容易感冒、痛風、胃痛、腎衰竭、心臟病……如果繼續數，大概可以數出四百種病狀，其中有你聽過的病，也有你沒有聽過的「怪病」，如果你不習慣喝水，可能已經在你身體上有徵兆。

不要等口渴才喝水，要經常保持喉嚨黏膜濕潤，這樣就不容易感冒。年過六十後不知道口乾，很容易脫水，更要注意主動補充水分。

一定要喝足夠水，在缺水的狀態下身體會傳遞飢餓的錯誤信息，讓你想吃東西。

材料

- 乾大花咸豐草　四十克
- 水　一公升半

做法

大花咸豐草加水，煮約十分鐘，去渣，一日內當茶飲。

大花咸豐草（鬼針草）

BIDENS ALBA

大花咸豐草可以雙向調節血壓，清肝熱、解毒、解口渴、改善腎臟水腫。

《本草綱目拾遺》有記載，大花咸豐草可以治療糖尿病。根據現代資料，可能是治療糖尿病的明日之星。

自己的健康自己負責

管着嘴，管着腿！

我的岳母姓母，我老婆的外公就叫「母外公」，這是個很特別的姓。四川有一條村的人姓母，另外一條村姓公！我們母外公的名言就是：「管着嘴，管着腿！國家的健康國家負責，自己的健康自己負責。」

引 根據喬治亞華盛頓大學公共衞生學院一項研究：於早、午、晚三餐後半小時，以正常步速（每小時走三公里）步行十五分鐘，能降下餐後血糖，效果可以保持最少三個小時！比起一次連續跑步四十五分鐘效果還要好。每小時走三公里的速度所需的體力非常低，特別適合體力不足人群、長者及孕婦。

晚餐後半小時進行的十五分鐘步行，是改善高血糖關鍵，可令血糖很快穩定下來。反之，吃過豐富的晚餐後，若坐着不動，不但令餐後血糖快速增加，在未來二十四小時也會令血糖波動；更會影響睡眠質素。

引 根據美國《預防》雜誌：

只要馬上開始減肥和做運動，身體對胰島素的反應就會立即改變，並修復糖基化所帶來的傷害。

即使超重二十磅，只要減掉體重的百份之五，患糖尿病的風險就會降低百份之七十；每天走路三十五分鐘，減低患糖尿病風險百份之八十。

每天在新鮮空氣中散步四十五分鐘至一小時，每週五天，持續十二週後，免疫細胞數目會增加，抵抗力也相對增加。

引 根據《歐洲疾病研究協會》（European Association for the Study of Disease Shows）的研究：

如果在餐前先做一項短暫的爆發性激烈運動，能夠很有效地控制血糖，比起日間長時間的散步效果還要好。這種緊、鬆配合的運動在減肥方面的效果，比起長時間的慢跑證實還有效。甚麼是「短暫的爆發性激烈運動」？在充分暖身以後，爆發性激烈跑一至兩分鐘，再慢走一分鐘，根據自己的體力，重複這個次序三次至六次，完成。

*和 Buddy 玩噴水管，也是運動。

久坐得病又短命

澳洲「身體活動和久坐行為指南」（Physical Activity and Sedentary Behaviour Guidelines）久坐的危害和吸煙沒有分別。

> 引 根據一項發表在《行為營養與體力活動國際期刊》（*International Journal of Behavioral Nutrition and Physical Activity*）上的研究，每天坐六至八小時的人，有百份之十九的機會患糖尿病。

這個研究與香港的一項調查結果相似，根據香港衞生署二零一四年的「行為風險因素調查」，大部份港人在工作場所和家中久坐不動，大部份每天最少坐六小時，百份之二十每日坐十小時以上，使到死亡風險大增百份之三十四。

二零一五年十一月，澳洲政府通過「身體活動和久坐行為指南」（Physical Activity and Sedentary Behaviour Guidelines）指出，久坐是慢性病的溫床，包括糖尿病、心血管病、中風、肥胖、早衰等等。久坐的危害和吸煙沒有分別。久坐的意思，包括看電視、用電腦、電話、工作場所、公共交通等。應該每四十分鐘至一小時便起身隨便走走，喝杯水，上個廁所，做一些家務，可以站就一定不坐。我每天的文章就是站着寫的，當然先得解決高度的問題。

不酗酒

酒精中只有糖，沒有其他營養成份，但會令血糖在飲用的過程中忽高忽低，時真時假。胰臟需要不停分泌胰島素去壓低血糖，結果就像狼來了，應該出胰島素的時候不再出了，增加了身體中胰島素抗性；所以長期飲酒人群的胰島素敏感性顯著降低，糖耐量顯著增高，二型糖尿病就此形成。

有時適量喝一些可能有益，反而偶然暴飲一次更加危害身體。以紅酒來說，每次以一杯二百五十毫升為標準，女性不要喝超過一杯，男性每天可喝兩杯。四十度的高度酒，男性每次的限量是六十毫升，女性減半。酒精對女性的破壞比起男性大。

肌肉發達，長壽健康

美國運動醫學學院（American College of Sports Medicine）（ACSM）正式為二型糖尿病人推薦肌肉鍛鍊作為其中一種改善方法。

> 引 根據加拿大渥太華大學的研究，肌肉訓練可以有效降低血糖，功效比體操運動還要好。

每天有十分鐘，或者每週有一小時的肌肉力量鍛鍊，對健康有莫大提升作用。鍛鍊肌肉不再是單純為了好看，肌肉中含有「青春荷爾蒙」，發達的肌肉真的令人青春常駐，本來新陳代謝會隨着老年而減慢，發達的肌肉可以逆轉這個現象。

習慣晚睡，容易失智；
可以早起，不可以晚睡

睡眠是大自然為人類設計的一個開關，把人放在「關機」狀況下，大自然才有可能為人類充電。盡量十一時前上床，身體需要睡眠以排毒，特別是大腦細胞。習慣性不睡覺引起毒素積累在肝臟、腎臟與大腦，不要說健康無法恢復，連思維和反應都慢兩拍，失智成為跟隨年紀來的贈品。

睡眠不足六小時，糖尿病犯病的風險增加一倍，但超過八小時，危險增加三倍。

＊深呼吸，可減少壓力。

深呼吸，減壓力

工作前先進行三次緩慢的深呼吸以減少壓力，長期壓力過大會導致血糖升高。

嚴選食材

素食者、出家人為甚麼有糖尿病？我認識很多吃了一輩子素的人，包括出家人，到頭來也變成糖尿病患者，他們沒有大吃大喝，當然也不可能吃肉。歸根究柢這兩者得病的原因都是飲食中包含太多白米飯與白麵做的食物，也可能再加上甜食點心。

酵素是地球上生命的開始，是維持生命的重要養分，但酵素只存在於生的蔬果以及發酵的食物中，經常吃大量沙拉與發酵食物的人相對比較健康，可是傳統的中式素食，因為過分的烹煮令到酵素流失。中式素食也習慣使用高鹽、高糖，大量的油，還有高度加工食物，這些都是三高的盟友。油也可能是用最容易買到的「refined 精煉油」，或者是一加熱就變成反式脂肪的油，譬如葡萄籽油。德國布緯博士在超過半世紀以前已經說過：「refined 精煉油」與反式脂肪會引起癌症。

讀者分享的秘方

在與讀者的公開互動中，得到不少有確實療效的「秘方」，以下為大家分享。詳細的讀者來信請參考我其他的書。此外，一些對糖尿病有療效的食譜亦收集在這書內，食譜內提到的煮食油是用澳洲堅果油或者有機茶花籽油。不過這些食療不是仙丹，不要想着吃甚麼秘方就可以把糖尿病斷尾，要特別注意對身體的全面照顧。避開不適合自己的食物，不要過勞，不要晚睡，要控制脾氣，要運動，而且持之以恆，讓身體有機會恢復自癒能力。

除了以下介紹的食療外，其實還有大量可以減低體內脂肪和改善血管的食物，如黃薑、薑、蒜頭、洋葱、大葱、小米、十穀米一類的粗糧；麥皮、番茄、苦瓜、芹菜、十字花科的蔬菜（例如椰菜、西蘭花等），還有茄子、豆類、海蜇皮、海帶、海藻類、生蠔、馬蹄、各種莓類（例如藍莓、草莓等），還有柚子、西柚、雪梨、柿子……，適量的紅酒。

謹記水果限定早餐或者午餐前吃，以免晚上血糖太高。

苦瓜四物湯

適合一型與二型糖尿病患

請參考《嚴浩特選秘方集1》一百二十八至一百三十一頁

在我國的傳統文學中，醫藥經常與傳奇掛鈎，譬如等閒不見人的神醫、長在鳥不拉屎山野的救命仙草、長相十分清奇但療效見仁見智的靈芝等等。苦瓜四物湯後面也有一個傳奇的故事，據說，這個秘方治好了一個台灣糖尿病患者，台灣人於是送了一百萬新台幣給一位大陸郎中，買下他的方子，把內容公開濟世。

為了謹慎，我特意請教精通醫藥的好朋友天師伍啟天。他認得這是中醫藥典中有名的補血名方「四物湯」加上苦瓜與四味藥；淮山、杜仲經過現代藥性測試，證實有降糖尿的功效，而正黃芪及蘇黨參則補腎陰。糖尿病人需要適當調補，因為其實營養沒有送到位。

Automne

材料

- 當歸、川芎、白芍、熟地　各二十克
- 淮山、杜仲、黃芪、黨參　各十二克
- 苦瓜（要完整一條連苦瓜籽）　一條約四百五十克

做法

一、將材料沖淨。

二、早上將材料和四碗半水煎成二碗水，晚上藥渣翻煲，用二碗半水煎成一碗水。

吃法

把本方劑當湯水，在吃飯的時候隨餐喝掉。每天喝兩次，連喝一個月。最好在醫生指導下服用。

降糖青檸雞骨架湯

這也是有患者試過有效的「秘方」，每天喝兩碗，每個星期煲一次。

請參考《嚴浩特選秘方集1》一百三十二至一百三十九頁、《嚴浩特選秘方集3》五十二至五十六頁

材料

- 雞　一隻
- 泰國青檸檬　四個
- 薑　兩片

做法

1. 雞洗淨；把雞腿、雞翼、雞胸拆下留作他用，譬如做白切雞。
2. 雞骨架和薑片放入高壓煲，加水三公升，大火煮滾，待有蒸汽噴出時轉中小火，煮三十分鐘。
3. 雞湯煮好後，待高壓煲降壓完成，把已洗淨的青檸切半放入雞湯內，再煲十五分鐘。煮青檸時，高壓煲不必加壓。
4. 青檸是這湯劑的主角，有人只用青檸煲水一樣有效，但千萬不能下糖。

白背黑木耳舞茸菇羹

白背黑木耳是血管清道夫，是血脂剋星，有改善高血壓、高血脂、高膽固醇的效果。雖然曾在《天然養生藥廚～萬人實戰的食療》刊登，但這羹對三高有很大療效，值得一再推薦。

請參考《嚴浩特選秘方集1》五十四至五十五頁、《天然養生藥廚～萬人實戰的食療》一百五十頁、一百五十四至一百五十五頁

材料

- 白背黑木耳　三朵約四十克
- 舞茸菇　兩朵
- 紅棗（去核）　五粒
- 生薑　二片

做法

1. 用大約一點五公升水浸泡木耳與舞茸菇約一小時。
2. 所有材料連同泡過的水大火煮滾，轉小火，煮約四十五分鐘。
3. 待涼，湯水連材料用攪拌機打爛。

每晨空腹一杯、晚上飯後一小時一杯，廿五日為一療程，之後再抽血檢驗。服至正常後，偶爾服食，不用長服。

加強版：加黑芝麻粉一湯匙

原粒芝麻無法消化，
吃了等於白吃。

芝麻粉做法

1. 將半斤黑芝麻放入盆內，用水浸一會，洗去灰塵和雜質，濾去水分，待水分瀝乾後，用白鑊慢火將黑芝麻炒至沒有潮氣，用手也能將芝麻掐碎。
2. 待黑芝麻涼後，用磨碎機將黑芝麻磨三次成粉狀。
3. 如不是立刻用完，可用焗爐烘乾或放在太陽下曬乾，攤涼後放入密封瓶儲存。

下定決心

「下定決心」不屬於選擇項目，是必須的。

Ada：「我一定要與你分享食療成果。四月九日開始食布緯（請參考《天然養生藥廚～萬人實戰的食療》），早午各一次，只在上班日子進行，假日就用「白背黑木耳降血壓秘方」，戒掉咖啡，食素、食粗糧（嚴浩按：這時候我還沒有準備好新與食物無飢餓減肥法）。四月二十八日再做檢查，膽固醇是四點九（三月二十六日是七點三），各指數都很好，蛋白質有少少低標準，但這個結果已令我太太與奮。以前試過三個月不吃雞蛋、牛油、蛋糕，也試過把 aerobic 減肥操增加，但膽固醇還是在六以上。我今次下定決心，得最後勝利，開心開心，多謝你，希望各位都身體健康。」

非常感謝 Ada 的分享，這又是一位天使。

高效降脂茶

這個專門治高血脂症的食療來自大陸有名的中醫楊其廉大夫，有滋補肝腎之效。

雖然這茶曾在《天然養生藥廚～萬人實戰的食療》刊登，但好東西值得一再推薦。

材料

- 丹參、首烏、黃精、澤瀉、山楂　各十五克
- 水　八百至一千毫升

做法

1. 所有藥材料加入清水，水滾以後，轉小火煮十五分鐘。分三次喝。
2. 或者放進保溫壺中帶在身邊，當茶水喝一天。

每日一劑，日服三次。與西藥兩者隔開半小時。

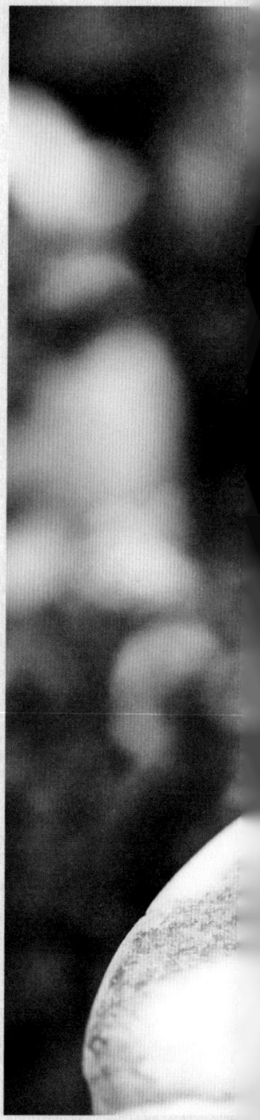

噪音引起癡肥

嚴重的交通噪聲會刺激神經，造成壓力，結果身體自動積蓄更多脂肪。這個研究來自瑞典科學家 Dr. Andrei Pyko, Karolinska Institute，Sweden。這博士說：「當居住環境同時有交通大道、有火車經過、頭上還是飛機航道，癡肥的機會高一倍。交通噪音會引起煩躁、失眠，身體中的荷爾蒙隨之失調，壓力荷爾蒙飆升，受影響的還有心腦血管。」這個研究對象群組的男男女女有五千零七十五人，他們住在圍繞斯德哥爾摩的五處城、鄉，年齡在四十三歲至六十六歲之間，研究時間從一九九九年開始，橫跨十多年，結論是：噪聲每增加五分貝，腰圍增加零點二十一厘米。不是開玩笑。

秋葵泡水治糖尿

這是一個古老的偏方，超級簡單。秋葵又叫毛茄、Okra、Lady's Finger，超市和街市有售；藥房沒有。

它富含蛋白質，熱量不高，很適合減肥人士。但性偏寒涼，脾胃虛寒及容易腹瀉者需要配薑。請參考《嚴浩特選秘方集1》一百四十至一百四十一頁、《嚴浩特選秘方集2》四十六至四十九頁、《嚴浩特選秘方集3》五十二至五十六頁。

材料

- 新鮮秋葵　兩條
- 薑　兩片

做法

1. 薑放入水中煲出味，置涼成室溫。
2. 新鮮秋葵（不要煮）去頭去尾，切片。
3. 用薑水浸泡毛茄一晚，次日晨起濾渣，空腹飲用。

註

- 有服用胰島素好幾年的患者，飲用秋葵水幾個月後就停藥，但仍然堅持飲用秋葵水。這個過程，請在醫生的監督下進行。

黃精黨參燒海參

請參考《嚴浩治未病》一百九十五頁關於海參對糖尿病的療效。

這菜式有健脾、滋腎養陰，降脂降壓的功效。

材料

- 黃精、黨參、葱　各三十克
- 枸杞子　二十克
- 水發海參　二百克
- 米酒、薑片各適量
- 鹽、五香粉、香醋各少許

做法

1. 將水發海參放入水中泡六小時，撈出，切段，備用。
2. 將黨參放於溫水中浸泡十分鐘，撈出後與黃精一同放入碗中，待用。
3. 油爆葱段，炒至焦香，投入海參段，不斷翻炒，加米酒適量，加水二百五十毫升，放入黃精、枸杞子及適量薑片進燜鍋內，改用小火燒煮四十分鐘，待海參酥爛加少許鹽、五香粉和香醋，拌勻，再煮至沸即成。

註

- 黃精在藥材店有售。

黃豆海帶紫菜湯

這湯有去脂、降壓、降糖、通便排毒、防止肥胖的功效。

材料

- 海帶、紫菜　各十克
- 黃豆　三十克
- 薑　一小塊
- 水　兩公升

做法

1. 海帶、紫菜用清水浸發；黃豆浸一會（最好一個晚上，之後把水倒掉）。
2. 將三樣食材與薑同放入鍋中，注入清水兩公升，煮約一小時。
3. 下適量鹽調味。

涼拌雲耳蒟蒻

這涼拌菜有改善體內的脂肪平衡、軟化血管的功效。

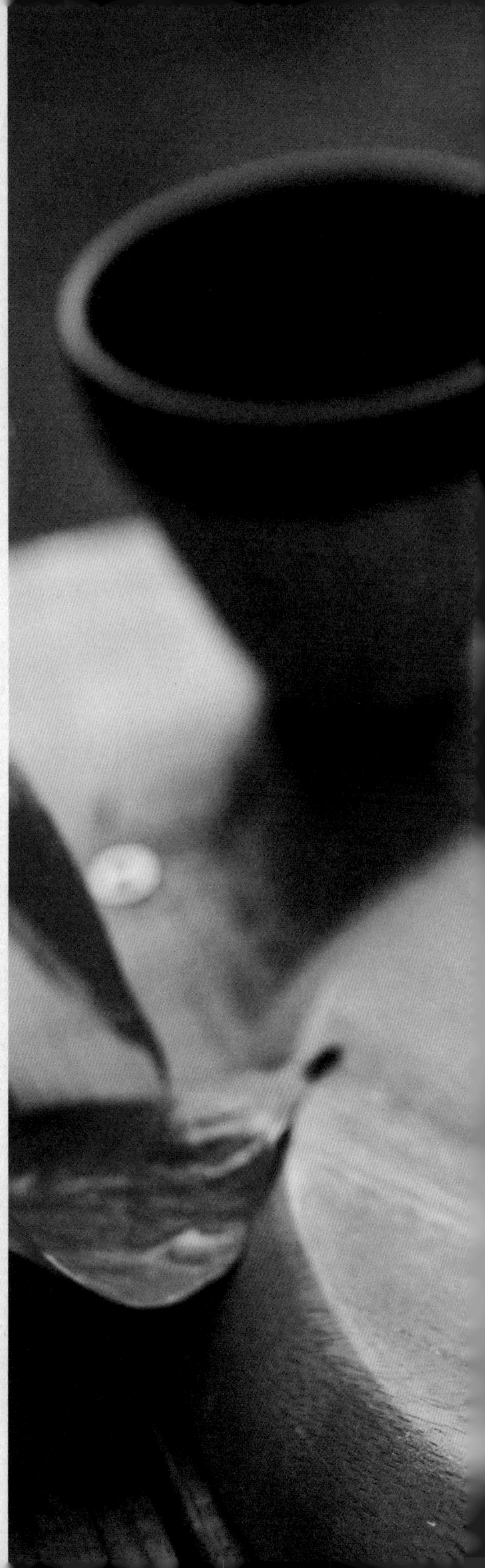

材料

- 雲耳（泡水發大）　四十克
- 蒟蒻（魔芋）　一塊
- 醬油、蒜蓉、薑蓉、葱花及麻油各適量

做法

1. 雲耳汆水，大朵的可切半。
2. 蒟蒻汆水，切成薄條，拌人雲耳內，加入已預先調勻的醬油葱花等料。
3. 拌勻享用。

註

- 蒟蒻（魔芋）在日式超市有售。

山楂粟米鬚海帶飲

飲這茶能利尿降壓、去脂減肥、助消化，適用各種糖尿病，有利癌症化療後排毒。

請參考《嚴浩治未病》一百九十七頁關於粟米鬚對糖尿病的療效。

材料

- 山楂　三十克
- 乾粟米鬚　約六十克
- 已浸泡海帶　約二十克
- 水　八百至一千毫升

做法

1. 山楂洗淨，去核切片。
2. 海帶切細絲，粟米鬚洗淨。
3. 山楂、粟米鬚和海帶裝入紗布袋中。
4. 大鍋注入水，放入紗布袋，先用大火煲滾，再改用小火煲十五分鐘。
5. 可代茶飲用。

註

- 街市有新鮮粟米鬚，藥房有乾貨，都可以炮製這茶飲，比較隨意。

古方降糖尿

這方是針對糖尿病的尿糖不降者。

材料

- 烏梅、五味子　各十克
- 山茱萸　一百五十克
- 滾水　適量

做法

烏梅、五味子、山茱萸略沖洗，放入保溫壺內，注入適量滾水，焗三十分鐘後喝。

每天一劑，早或晚一次；或者加到一天兩劑，早晚一次，切記不可以加糖。

註

- 市面有從烏梅提煉的梅精，可用梅精四份一茶匙代替十克烏梅，做法和飲用次數不變。

綠豆金銀花湯

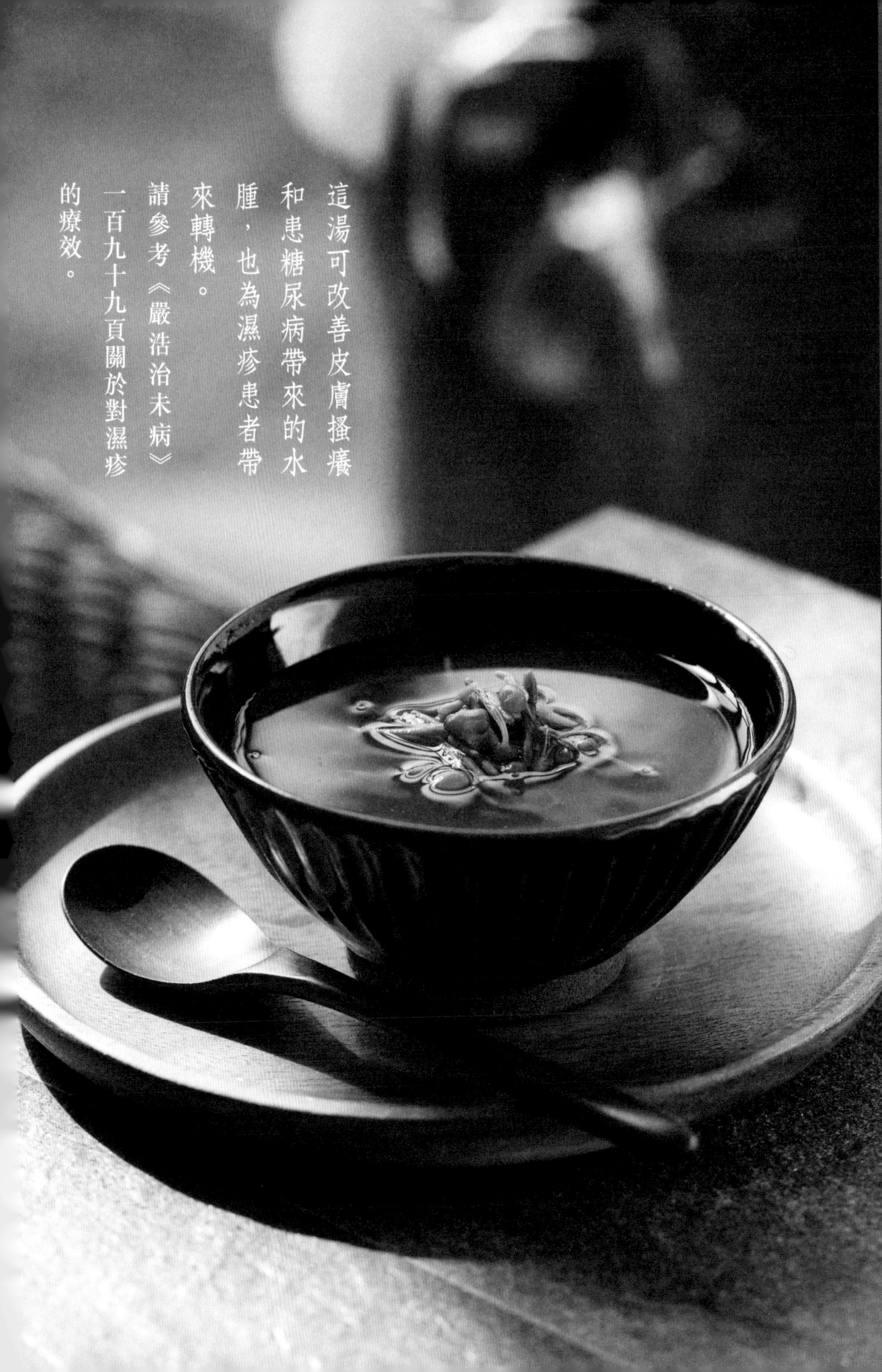

這湯可改善皮膚搔癢和患糖尿病帶來的水腫，也為濕疹患者帶來轉機。

請參考《嚴浩治未病》一百九十九頁關於對濕疹的療效。

材料

- 綠豆　一百克
- 金銀花　三十克
- 水　一公升

做法

1. 綠豆浸泡一晚，期間要換水二至三次。
2. 金銀花先用清水浸泡，再洗乾淨。
3. 將浸泡一晚的綠豆，加水一公升，大火煮開後，轉小火煮三十分鐘，再加入浸泡後的金銀花，焗十五分鐘，即可飲用。

註

- 如果需要甜味，可以加點甘草。
- 金銀花在藥材店有售。

蜂蜜對潰瘍的神效

全世界每三十秒就有一名糖尿病患者被截肢。蜂蜜含有酸性物質，可以殺死細菌，可以避免使用標準抗生素產生細菌抗體的併發症。

根據網上資料，蜂蜜治下肢潰瘍是在二零零七年之前，美國威斯康辛大學醫學暨公共衛生學院教授珍妮佛．艾狄與同事 (Jennifer J. Eddy, MD, and Mark D. Gideonsen, MD University of Wisconsin Medical School, Eau Claire) 成功為一名面臨截肢的糖尿病患者採用的療法；到二零零七年之後，她已成功用蜂蜜療法治癒六名糖尿病病人的下肢潰瘍，使他們免於被截肢。

威斯康辛大學的蜂蜜療法：

- 先清除潰瘍傷口的死皮膚。
- 酒精消毒。
- 在患處塗上厚厚一層蜂蜜，傷口要保持打開，不能上紗布。
- 每隔幾個小時用溫熱的蒸餾水把乾的蜂蜜沖掉，再塗上蜂蜜。

香港創傷科護士的蜂蜜療法：

我的一位讀者用紗布繃帶包裹傷口。這是封重要來信：

信

嚴浩先生，你好，我叫小詩，是一位二十多歲的全身性紅斑狼瘡（SLE）病患者。最近於報紙專欄看到閣下有關用蜂蜜治爛腿的文章，我有感而發。

大約去年四至五月，我因吃重劑量的MMF，引致自體免疫系統被抑制得太厲害，引致細菌入侵身體，左小腿因而開始爛起來。後來做了多次刮肉補皮手術，剛好了一點，右腳的小腿又出現相同情況。無可奈何下，共做了十五次手術，只有一次不是全身麻醉。

手術後一直要到馬會診所洗傷口，可惜未見明顯的好轉。幾經轉折下，終得到北區醫院的創傷科護士（wound nurse）李姑娘出手相助。為了我的傷口，她用了很多不同的敷料，如Aquacel（藥用性吸濕纖維敷料），不過也沒有甚麼進展。後來她改用了蜂蜜替我敷在傷口上後，情況馬上有很大的改善！雖然我的傷口時好時差，她說有時是明顯的血管發炎，是我自己的抗體打自己的身體，這是比糖尿病患者更麻煩、傷口更難痊癒的問題所在，但經過她悉心的照料下，在今年九月時傷口終於可以完全癒合，在十月骨科覆診後，醫生也說終於可以結案，close file！

不過，使用蜂蜜的唯一麻煩是要遠離有螞蟻的地方，故使用蜂蜜的日子裏，每天起床的第一件事是看傷口上的繃帶有沒有小傢伙爬上來……

其實我覺得香港公立醫院的醫護人員的質素相當好。患病至今也有五年多，我所遇到的全都是好人。今次能過了這一關，也全靠北區醫院的內科、骨科以及創傷科護士的協助。雖然近年多了肺動脈高壓這個頗令人頭痛的病，也因此要看多一科心臟科，但我相信內科的腎臟科醫生和心臟科醫生會全力幫助我。（由於我有腎炎，故 SLE 便轉交由腎臟科醫生接手）。

讀者小詩敬上，二零一一年十一月九日

液體蜂膠治傷口潰瘍

這是另外一位讀者的來信：

信 看了這兩天你在報章專欄上關於蜂蜜治爛腿的連載文章，想在此分享本人的經驗。

兩年前，年邁九十歲的外婆腳部開始有紅點，繼而潰爛，傷口大約有十厘米闊、二厘米深。看了兩個皮膚專科醫生的結論都是：割肉！那時，突然想起表姐由澳洲寄來的 propolis liquid，就嘗試每一天給外婆以消毒藥水洗傷口後，以 propolis liquid 厚敷，上紗布。每天換藥一次，一個月後，傷口已完全康復，到現今都沒有復發！

Fans 李小姐

液體蜂膠治傷口潰瘍療法：

Propolis liquid，就是液體蜂膠

具體的用藥方法

每一天以消毒藥水洗傷口後，滴上液體蜂膠，再覆蓋紗布，每天換藥一次。

讀者是可愛的人，不厭其煩地為有需要的大眾分享非常寶貴的經驗。我尤其感動的是創傷科的護士，香港的醫院規矩極其大，又被公眾緊密監管，她可以勇敢用非正統療法為病人治病，是當今的蘭丁格爾。

蜂蜜對很多類型的傷口都有效

從國外無數蜂蜜治傷口潰瘍的案例中，學者們得出這樣的結論：蜂蜜外用有殺菌作用，對很多類型的傷口都有效。包括：

- 腿瘡潰瘍（Leg ulcers）
- 褥瘡和癒合不易的創傷（Pressure ulcers）
- 糖尿腳瘡潰瘍（Diabetic foot ulcers）
- 來自意外受傷或者來自外科手術後的傷口（Infected wound resulting from injury or surgery）
- 火燒傷（Burns）

蜂蜜對付「食肉菌」有效嗎？

在與讀者公開互動期間，有一位護士讀者來信，說蜂蜜對付「食肉菌」絕對無效。

我請教一位遠在澳洲的西醫朋友Dr. Who。作為專業醫生和有著作的學者，他這樣回答。

Dr. Who：「食肉菌」英文叫 Necrotizing Fasciitis，壞死性筋膜炎常被稱為『食肉菌感染』。你的護士讀者錯了，食肉菌很惡，但是罕見，所以對食肉菌的研究也不多。不過，在非洲有蜂蜜對抗食肉菌的案例，有效，但是要與抗生素與外科清洗傷口一起進行。不幸的是，由於蜂蜜無法專利，沒有開發價值，所以沒有資源對蜂蜜進行深入的科研，只有案例證明蜂蜜的有效。」

可能有些地方醫藥不發達，使用標準抗生素尚未產生細菌抗體現象。

因為沒有利益，世界上沒有人肯去做！

由於蜂蜜無法專利，藥廠沒有利益，所以社會沒有資源對蜂蜜做深入的研究，即使它明明可以治療像糖尿病潰瘍一類重病的功效，可以補白現代醫藥的不足，可以救很多很多有需要的病人，免除他們的痛苦、延長他們的壽命、節省他們的開支、節省社會的開支，這中間的病人，還有可能是自己、或者是自己的親人！

可是，因為沒有利益，世界上沒有人肯去做！

上帝如果會哭，大概眼都哭瞎了。

與讀者來信

急！急！急！

我長期在報章上寫養生專欄，在社會的監督下公開透明地與讀者互動，分享健康知識。二零一一年，十月廿八日，我收到讀者 Polly 的第一封信：

「給嚴浩代尋求醫治食肉菌偏方，急！急！急！」。得病的人是這位讀者的家人。不是每一個病都有偏方，但是這位讀者很幸運，我的好朋友天師伍啟天剛好在香港，是他告訴我蜂蜜治病的方法和用者的成功經驗。十一月二日，我回第一封信，請 Polly 替患者用蜂蜜，十一月十二日，剛好十天以後，Polly 回信說：「……**醫生絕不同意**」。十一月十三日，在整個社會的關注下，患者離開了我的專欄，離開了這個世界。以下是這個事件的過程。

十一月三日，傷口範圍大約 A4 紙一張半

有一位因為糖尿病引起下肢潰瘍的患者正在醫院中，醫生為他割爛肉。他的家人 Polly 來信說：

信 傷口範圍是由整個左邊臀部向前，大約 A4 紙一張半大，表皮及皮下脂肪已經割掉，見到肌肉，很嚇人的！現時醫生說還未有辦法控制，只能靠手術去清理傷口，與細菌競賽，故一星期為他做三次手術。手術是清洗傷口，割去死肉，每次是全身麻醉，另外就是給些抗生素。剛才看他，他說非常痛，止痛藥及止痛針打得太多，已對他起不了作用，所以他今晚堅決不洗傷口，看他痛到標冷汗，便不勉強他。現在看他時想幫他按摩手腳，他都叫痛，他說最好不碰，好痛呀……

你說用純正的蜜糖遍搽病人的患處，我想是不可以做到的，因為在醫院內不能讓我們做。他們現時每天早晚各一次為他洗傷口，洗完後有藥包及紗布包好，我們是不能觸摸，亦不能直接看到傷口，因醫院怕有病毒傳染。昨夜才做完手術，明天又要做，看到他這樣痛苦，又不能幫到他，真不知如何是好。

十一月四日，現在差不多是兩張 A4 紙大

信 Polly：「我想問清楚一下，你說塗蜜糖在傷口，是在整個傷口表面，還是在傷口邊上，如是在傷口表面，面積已經太大，現在差不多是兩張 A4 紙大，但表面已是爛肉，要怎樣去塗呢？每次塗多少？明天已約見醫生，會跟醫生商量，看是否允許。醫生說沒有辦法控制，他們只能靠手術去清理傷口，與細菌競賽。」

我把美國威斯康辛大學有關蜂蜜治爛腿的英文原文電郵給這位讀者，請醫生參考。讀者過了很多天沒有再來信。

十一月十二日，傷口已擴大到四張 A4 紙大小

這是 Polly 在親人去世之前一天的通信：

信 首先多謝你的蜂蜜秘方，但對於我親人是用不着。第一，醫生絕不同意。第二，傷口已擴大到四張A4紙大小，醫院每次洗傷口都要四至五個人協助才可完成，試問普通人怎能處理呢？第三，現時每接觸到病人身體任何部位，他都很不舒服，叫人不要弄，因他真的很痛。

今天，他的身體已很差，經過了二零一一年十一月十日第十六次手術後，他的身體機能已出現問題，有肺炎、呼吸困難、血壓低等等……。看見他身體插了很多東西，在鎮定劑藥物下，人已進入昏迷狀態，真不知他能支持多久，看見他真的很難過……

在十一月三日，潰爛傷口是一張半A4紙大小，過了七天，在動了第十六次無效手術之後，傷口已經擴大到四張A4紙大小！有甚麼人可以受得了這樣的折磨？這好像二戰期間德軍和日軍做的活體實驗，看一個活人可以頂受多少次無效的割肉洗傷酷刑。

在一個傳統的醫院裏，運用傳統的醫學，進行這種叫人傷感的手術，是合法的。任何另類療法，「醫生絕不同意」，如果反對，那是和整個醫療制度對着幹。

一個人和制度對着幹，那是電影中的情節。

Polly 的十一月十二日通信繼續：

信……問醫生他的病情為何這樣急轉。醫生説，每次手術因為在全身麻醉下，對病人都有一定的影響。可是他的傷口總是有炎菌，只能用手術處理，所以手術一定要做。他們到目前為止，未能找到有效方法或藥物去消滅炎菌，故只能用手術削走爛肉。醫生只説那菌很惡，是他們少見，傷口去到這個地步，亦未曾見過。

這句話為甚麼那麼耳熟？

先為大家説另外兩個故事：

我媽因為摔傷意外進了醫院，兩、三天以後因為細菌感染而變成肺炎，醫生很無奈，説醫院的空氣中都是菌，無法避免。大半年以後，我媽好轉，醫院在她的喉嚨上開了一個洞插管，然後安排她出院；從此，我媽再也不能説話。

另一個故事，有個六十多歲的女人，因為摔跤，跌碎了臀部的髖骨，被家人送進了醫院。醫生説要換髖骨，就是把病人的髖骨用手術切除，然後換上鋼做的代替髖骨。手術很順利，病人在醫院的照顧下慢慢康復，到可以下地學走路的時候，病人的傷口卻痛得令人無法站立。醫生把她的傷口從新打開，做化驗以後，告訴病者的家人，説傷口感染了細菌，以下的對白，大家也可以背出來了：「醫生只說那菌很惡，是他們少見，傷口去到這個地步，亦未曾見過。」

我知道這個故事，因為我認識這個女人，她是我的親大姐。醫院把剛植入的髖骨撤除，告訴家屬，我大姐從此不可以走路。

Polly 的來信繼續：

信 我們問醫院，為何病人情況這樣危險及炎菌這樣惡，病床前寫「隔離傳染病」，還要安排病人在普通病房？親人去探病都要穿上保護衣及手套，但這病房有二十多張床，那不怕傳染給其他病人嗎？在我們提問下，醫生說接觸才會傳染，空氣是不會的，這是真的嗎？病人傷口那麼大，每日兩次在大房洗傷口時，空氣都是有菌，那對病人亦有影響……

十一月十三日：我的親人已經離開，往天堂去了

Polly 以往的信都很長，這封信上只有三行字：

信　今天早上十時十分，我的親人已經離開，往天堂去了。他的離去令我們很難過，真沒想到只生了一個瘡，會變成這麼嚴重。畢竟他只是五十六歲壯男，就這樣走了，真的接受不來。Polly。

他還是走了，在他最後兩個星期的生命，有他的親人陪伴，也充滿了社會的關心，一個又一個的讀者寫信來，分享自己的知識和經驗，希望能幫到患者。可惜我才開始在專欄中轉載大家的來信，他已經走了。這不是電影中的故事情節，是真實生活中的生生死死在大家的眼前默默展開，沒有渲染誇張，但無比震撼。

生命有什麼意義？

人類的每一個進步，後面都可能屍骸纍纍。希望犧牲了無數生命之後，社會終於覺悟：人類沒有完美的醫學，各種醫學互補空白，西醫是堵截，中醫是調理，自然療法是恢復。在這之前，醫療制度中存在的縫隙，還會繼續掉進去無數生命，可能是我和你，可能是我們的親人。

生命的意義，是在任何狀況下，為生命開一扇窗，無論是為人家的生命，還是為自己的生命。

附錄：白砂糖治癒外傷潰瘍

現代藥理分析：糖在治療慢性潰瘍時發揮了抗菌作用，通過競爭細菌細胞中的液體，抑制了細菌的繁殖能力，並且糖具有保持組織濕潤的功效，促進了細胞再生。

二零一五年一月十二日，英國 BBC 新聞網曾經報道，一位愛丁堡居民 Bill Drysdale 使用白砂糖治癒糖尿病腿潰瘍的案列，報道說：「**數以萬計的英國腿潰瘍患者，有可能從一個古老的非洲療法得到治癒。**」

我國明代中醫著作《景岳全書》曾經記載甜類食物治癒潰瘍的案列：米糖即膠飴也，以碗盛於飯鍋內蒸化。先用花椒、荊芥、防風等藥煎湯洗瘡淨，乃將膠飴薄攤瘡上，外以軟竹著（即筍皮）蓋定，用絹縛之，數日即癒，神效。

清代的《醫林改錯》中有記載木耳散，加上砂糖做藥劑：治潰爛諸瘡，效不可言，不可輕視此方。木耳一兩（焙乾研末），砂糖一兩（和勻），以溫水浸如糊，敷之縛之。

近代國醫大師鄧鐵濤曾使用砂糖治療褥瘡，在二十世紀七十年代在新會縣會診時，治療一位下肢慢性潰瘍患者，潰瘍面在右膝內側之下，面積約二厘米×二厘米，形如漏斗，已經能看見大隱靜脈，數月未癒。鄧老取砂糖滿溢潰瘍面，外用疊瓦式膠布貼緊，三日後潰瘍已經變小變淺，再敷一次砂糖遂癒，時間不超過十天。

白砂糖療法

酒精清洗傷口之後，砂糖填滿潰瘍面，稍堆隆起，然後用膠布條疊瓦式封貼好；三五天後，待砂糖溶化，封貼之布條表面按之有波動感即可換藥。再如前法敷之，直至潰瘍面癒合。

女人爲甚麼有髫鬚？

「長鬍子的女人」是墨西哥已故女畫家弗里達．卡洛（Frida Kahlo）的自畫像，屬於世界級名畫，正式的名字叫「與小猴子的自畫像」，她的傳奇故事也拍過電影，但今天不是討論她的藝術，而是她唇上濃密的汗毛。

女人為甚麼長鬍子？

卵巢多囊綜合症——女性多毛症

卵巢多囊綜合症（Polycystic ovary syndrome）還會遺傳，我記得有一位助手很胖，唇上汗毛很明顯，她曾經說過一家從母親到姐妹都很胖，大概這就是原因了。

讀者 MEI 來信：

信 本人有一位好姊妹（三十五歲）最近發現自己有卵巢多囊綜合症，尿酸高，上網看過後原來很普遍，可是發現除了減肥外，好像沒有特別食療可以根治。朋友是缺少運動的，喜甜及有時吃零食，尿酸往往與痛風有關係，但幸好現在她未有痛風。

為了確認是否典型的卵巢多囊綜合症，我寫電郵問她：「你這位姐妹是否臉上汗毛比較多？身體上體毛也比較明顯？」

MEI：「她是唇毛比較多。」

根據資料，約百分之三點五至七點五的育齡期婦女會患此症。除了肥胖，患者還可能會出現骨盆痛、腰痠、易累、長暗瘡、油皮膚，掉頭髮、禿頭、閉經或月經不調等徵狀，嚴重更可能導致不育。由於內分泌混亂，引起身體中男性荷爾蒙不正常高升，女士的面部、腹部和乳房長有黑粗的毛髮，唇上長出濃濃的汗毛，醫學稱之為多毛症。懷孕婦女中百份之五至十也會患有卵巢多囊症，男性荷爾蒙睪丸酮大增。

卵巢多囊綜合症與卵巢中的血管不正常增生有一定的關係。根據美國腫瘤醫師李威廉醫師和他的團隊的科學研究，人類有七十種病都源自血管新生（Angiogenesis），包括腫瘤、肥胖、中風、糖尿病、心臟病、血壓、關節炎等這類流行病，相信卵巢多囊綜合症也包括在內。

患有卵巢多囊綜合症的人很多都有胰島素抵抗的問題，再發展下去就是糖尿病了，所以糖尿病與卵巢多囊綜合症有一定的共通性，改善的方法也大同小異，飲食方法請參考本書的糖尿病食療。另外有針對性的改善建議。

首先戒口

垃圾食物對女性的危害比男性嚴重，相信與兩者生理激素不同有關。拒絕即食麵、罐頭、香腸以及醃製食品。拒絕含糖飲料、汽水、甜品、糕點。盡量將白飯、白麵、披薩一類澱粉改成新興超級食物（見本書糖尿病的飲食）。

通常講到減肥就是餓自己，不吃肥油，但看不見的陷阱是以上這些食物，因為這些食物高糖、高鹽（鈉）、有人工色素。鹽分由腎臟排走，長期攝取過多鹽分，會增加腎臟負荷，或致腎病，亦影響血壓，引致中風。血液濃度有標準指標，如果攝取過多鹽分，會令血液濃度增加，血壓上升。

以下篇幅介給一些對此症狀有療益的食材。

益生菌 PROBIOTICS

是必須的，請參考本書糖尿病的飲食。

腸道健康等於排便正常，等於沒有宿便，等於體重有減輕的條件，等於免疫系統有一個健康的環境，於是自癒機制有機會正常工作。

蘋果醋

APPLE CIDER VINEGAR

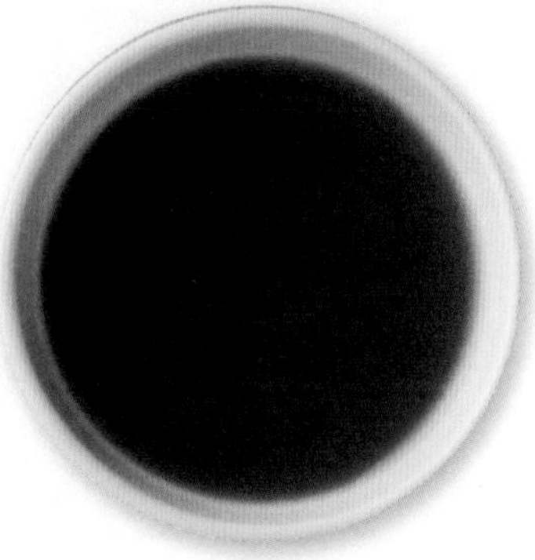

這是最為推薦的改善卵巢多囊綜合症食療。

有機蘋果醋有助穩定血糖，血糖不飆升，身體就毋須發放大量胰島素，分泌系統也就毋須製造過量的男性荷爾蒙睪酮素（testosterone）。卵巢多囊綜合症患者其中一個症狀是體內睪酮素過高，以致有多毛症，但身體需要足夠份量的睪酮素去減低胰島素抗性，這樣推算下去，如果血糖正常，胰島素分泌正常，睪酮素就可以正常分泌。所以這個病的患者不可以嗜甜和吃過量的白飯、白麵，這些都是快速升糖食物。由於蘋果醋幫助保持血糖穩定，也有助控制體重和改善整體健康。

吃法

一、在一杯水中加入兩茶匙未經過濾的生蘋果醋，一茶匙蜂蜜，每天三次飯前兩分鐘喝，連續幾個星期，直到改善。

二、可以逐漸加大蘋果醋的分量，最多到兩湯匙一杯水，一天兩至三次。

肉桂

CINNAMON

引 根據哥倫比亞大學：

肉桂可以改善卵巢多囊綜合症患者閉經或月經不調等徵狀。

引 根據「生育節育雜誌」（Fertility and Sterility Journal）：

肉桂可以減低患者的胰島素抗性。

吃法

一、在一杯溫熱的水中加半茶匙至一茶匙肉桂粉，每天一、兩杯，一天不要多過兩茶匙，連續幾個月，直到健康改善。

二、把肉桂粉加到麥片、乳酪等食物中，同樣一天不多過兩茶匙，從少份量開始。

肉桂有減低血糖功效，如果有胰島素抗性問題正在用藥，應該先聽取醫生意見。如果服後上火，譬如口腔潰瘍、臉上長痘痘、便秘、失眠多醒，就應該暫停。待改善後隔一天喝一次。

亞麻籽

FLAXSEED

亞麻籽含有木酚素，能控制患者不正常分泌的男性荷爾蒙。豐富的奧米加三脂肪酸有助穩定血糖，減低血管炎症。

吃法

一、亞麻籽需要用磨咖啡豆的機器磨成粉，因為很容易氧化以致無效，應該在十五分鐘內吃掉，可以加在原味酸奶中。

二、也可以用冷榨亞麻籽油代替，每天早飯後直接服用一湯匙。

亞麻籽油需要冷藏。

奇亞籽

CHIA SEED

吃法

奇亞籽每次一大湯匙，每天兩次。

詳細吃法請參考本書糖尿病飲食。

奇亞籽藍莓果漿

材料

- 奇亞籽　一大湯匙
- 藍莓　三百克

方法

1. 奇亞籽浸泡二十分鐘。
2. 將泡好後的奇亞籽連水與藍莓（可以用覆盆子代替）放入攪拌機打爛。

薄荷茶

PEPPERMINT TEA

引 根據英國衞報（*The Guardian*）二零零七年二月的報道：薄荷茶有效減低雄性荷爾蒙。

吃法 每日兩杯薄荷茶。

這篇報道來自土耳其德米雷爾大學（Suleyman Demirel），原文刊登在《本草療法研究》雜誌（*Journal Phytotherapy Research*）。

做這個研究的緣起是男士最不愛聽見的：大學接到來自本地男士的大量投訴，說喝薄荷茶令到他們減低性欲，甚至精子減少。大學的科學家正在做改善女性多毛症的研究，患有卵巢多囊綜合症的婦女身體出現荷爾蒙失衡，會有多毛症，懷孕婦女中百份之五至十也會患有多囊卵巢症。

教授們受到啟發，發現薄荷茶中含有的物質會降低雄性激素水平。這篇報道說：大學對二十一名年齡介乎十八至四十歲的女性進行實驗，其中十二人患有卵巢多囊性症候群，實驗證明，連續五日每日飲兩杯薄荷茶，能夠有效降低雄性激素水平，抑制體毛生長。負責這項研究的教授說，目前治療體毛過長的方法是使用口服避孕藥抑制雄性激素的分泌，或者採用其他醫療手段，但他們的研究顯示，飲用薄荷茶可能是一種很好的自然療法。

鋸齒棕

SAW PALMETTO

鋸齒棕營養補充劑有控制睪酮素過份分泌的功效，除了對改善暗瘡有效，也可能改善卵巢多囊綜合症。

吃法

每天服用約三百二十毫克補充劑，連續幾個月。

運動、早睡

EXERCISE & SLEEP

早睡早起，加上適當運動是必要的！
請參考本書糖尿病篇。

＊運動時，有 Buddy 相伴。

Pork Tripe Appetizer in Spicy Dressing

INGREDIENTS

- 1 whole pork tripe
- 3 slices ginger

SPICY DRESSING

- 1 tbsp black vinegar
- 2 tbsp soy sauce
- 2 cloves garlic, grated, mixed with 1 tbsp water
- 1/2 tsp ground Sichuan peppercorn
- 1 tsp homemade chilli paste (recipe follows)
- 1 tbsp homemade chilli oil
- 1 tsp homemade Sichuan pepper oil (recipe on p.172)
- 1 tbsp spring onion, chopped
- 1 tbsp coriander, chopped

METHOD

1. Trim the fat off the pork tripe. Rinse briefly. Rub both the outside and inside of the pork tripe with 2 tbsp of coarse salt for 2 to 3 minutes. Rinse well. Rub again with 2 tbsp of flour for 2 to 3 minutes. Rinse again. You can get rid of the gamey taste of the pork tripe this way.
2. Put the pork tripe in a pressure cooker. Add enough water to cover. Add sliced ginger. Cook over high heat until steam appears. Turn to medium low heat and cook for 15 minutes.
3. Remove pork tripe and cut into strips. Stir in the spicy dressing. Serve.

NOTES

- I like my pork tripe slightly on the chewy side. If you want it softer, cook it longer in the pressure cooker.
- For homemade chilli oil, refer to page 198 of *Yim Ho's Therapeutic Recipes for Healthy Living.*

Chilli Paste

INGREDIENTS

- 500 ml macadamia oil (or camellia oil)
- 10 g ginger
- 10 g white part from spring onion
- chilli powder
  (You can use any amount of chilli powder as you desire; you can also mix different chilli powder according to your preference of piquancy. Bird's eye chilli powder is hotter and spicier. Korean chilli powder is milder by far. As a starting point, I suggest using 2 parts bird's eye chilli powder to 3 parts Korean chilli powder.)
- 1 tsp ground Sichuan peppercorn
- 3 tbsp fermented black beans, chopped or crushed slightly

METHOD

1. Heat oil in a wok over medium heat. Add ginger and spring onion. Heat the oil to about 120°C and do not heat beyond this temperature. When the oil smokes, oxidation occurs and the oil will go bad. Fry ginger and spring onion until dry and browned. Discard the ginger and spring onion.
2. Add chilli powder, ground Sichuan peppercorn and fermented black beans. Turn off heat. Keep stirring to make sure the chilli powder is heated evenly by the oil. Let it cool to room temperature. Transfer the chilli paste into a clean bottle. Keep refrigerated for later use.

NOTES

- If you prefer a thinner consistency, add more macadamia oil.
- Grind about 5 tbsp of Sichuan peppercorns in a food processor or coffee grinder. Then sieve the ground mixture to remove the yellow husks. Transfer the brown fine powder into a sealable bottle for later use.

Sichuan Pepper Oil

INGREDIENTS

- 100 g Sichuan peppercorns
- 500 ml macadamia oil

METHOD

Add Sichuan peppercorns to oil in a pot. Heat to about 120°C over low heat. Turn off the heat and let cool to about 70°C. Heat again up to 120°C. Turn off the heat. Repeat this step 3 times. Strain the oil and discard the peppercorns. Leave it to cool to room temperature and refrigerate for later use.

NOTES

- Sichuan peppercorns come in green and red varieties. The red ones of top-notch quality are called "Da Hong Pao", with vivid colour and lasting aroma. For this recipe, I used green Sichuan peppercorns that are rarely seen in the market. They don't have the same potency and strength of their red counterparts. But I think their numbing piquancy is interlaced with a fragrance that gives them a charming character.
- Feel free to stir Sichuan pepper oil into your favourite cold appetizers and noodles. Just a tad goes a long way to wow your taste buds.

Soymilk

INGREDIENTS

- 200 g soybeans or black soybeans

METHOD

1. Soak the soybeans overnight. Discard any stale beans. Rinse.
2. Put half of the soybeans and 500 ml of water in a blender. Blend for about 4 minutes and transfer into a pot. Repeat this step with the remaining beans.
3. Strain the soymilk with a muslin cloth. The dregs can be used in the recipe Steamed Soy Dreg Buns.
4. Bring the strained soymilk to the boil. Cook over low heat for 10 minutes. Serve.

NOTES

- Heat the strained soymilk. "Pseudo-boiling" happens at around 80°C when the soymilk turns frothy and rise quickly. Use a deeper pot to prevent boiling over. When "pseudo-boiling" happens, turn to low heat immediately. Cool it down by adding a little warm water at a time repeatedly. Or, you may blow the foam with your mouth to cool it down while stirring continuously. Anyway, if it rises quickly, remove the pot from heat. After a while, the foam will shrink. When boiled to 100°C, the soymilk is stable and most foam is gone. Cook over medium low heat for 10 more minutes. Turn off the heat.

Steamed Soy Dreg Buns

INGREDIENTS

- 200 g soy dreg from making soymilk
- 200 g plain flour
- 3 g yeast
- 2 tsp raw cane sugar

METHOD

1. Combine all ingredients in a mixing bowl. Add water and knead into dough. You'd need less water than making regular buns.
2. Leave the dough to rest in a warm spot for about 10 minutes.
3. Knead the dough and divide into equal portions. Roll each dough into a sphere.
4. Put the buns in a steamer leaving enough room between them for proofing.
5. Heat the water to about 50°C and turn off heat. Put the steamer over the warm water. Leave the buns to proof for 30 minutes to 1 hour.
6. Bring water to the boil. Turn to medium heat and steam the buns for about 12 minutes. Serve.

NOTES

- Because of the soy dreg in the buns, they take longer to steam than regular buns.
- Soy dreg buns are richer in fibre than regular buns. It is a great way to use the soy dreg and avoid waste.

Soymilk Porridge

INGREDIENTS

- 1 cup soybeans or black soybeans (the cup that comes with your rice cooker)
- 1 cup white rice or rice mix, see note #1
- 2 sweet potatoes

METHOD

1. Soak the soybeans overnight. Discard any stale beans. Rinse.
2. Add 1 litre of water to the beans. Puree in a blender for about 4 minutes.
3. Transfer the raw soymilk into a pot without straining. Bring to boil and keep stirring. Beware of "pseudo-boiling" (refer to the soymilk recipe). Keep cooking over medium low heat for 5 minutes.
4. Transfer the soymilk to another pot (refer to note #2). Add 1 more litre of water, sliced sweet potatoes and the rice. Bring to the boil over high heat and cook for 45 minutes over medium heat. Add water to your desired consistency if needed.

NOTES

- My favourite rice mix consists of black glutinous rice, brown rice, red rice, buckwheat, quinoa, millet etc.
- When unstrained soymilk is cooked, the dreg tends to stick on the pot. As time goes by, it will eventually burn and make the porridge taste smoky or bitter. That is why the soymilk is transferred to another pot halfway.
- All nutrients and fibre are retained in unstrained soymilk, which makes it more nutritional.
- Sometimes I also add green peas to the porridge after soaking them in water for a refreshing taste.
- Such soymilk porridge makes a great meal for infants day or night. It is much healthier than processed soy products in the market with unnecessary additives.

Ginseng Tea with Saffron and Shi Hu

MEDICINAL ACTION

It warms the spleen and stomach, promotes blood and Qi circulation, relieves stress, calms the nerves, and soothes Dryness.

However, pregnant women should avoid.

INGREDIENTS

- about 10 saffron strands
- about 10 Shi Hu balls
- 5 slices American ginseng

METHOD

1. Rinse Shi Hu with cold drinking water.
2. Put all ingredients in a thermal mug. Pour in hot water and cover the lid. Leave it for an hour and serve. Do not discard the ingredients. Add 1 to 2 cups of water and simmer in a pot for 20 minutes to extract the essence of Shi Hu. Suck on the gelatinous flesh of Shi Hu in your mouth, but do not eat the fibrous husk.

ADVANCED VARIATION

- My good friend and master herbalist Mr Ng Kai Tin suggests adding 1/2 tbsp of toasted rice to the tea for those with Coldness or too much Yin energy in the spleen and stomach.

TOASTED RICE

Put white rice in a dry wok and fry without oil until fragrant and lightly browned.

Chrysanthemum Tea with Goji Berries, Red Dates and Dried Longan

MEDICINAL ACTION

Activates blood circulation.

INGREDIENTS

- 10 to 20 dried goji berries
- 2 red dates, de-seeded
- 2 dried longan pulp
- dried chrysanthemum flowers

METHOD

1. Rinse all ingredients with cold drinking water.
2. Put ingredients in a thermal mug. Pour in hot water and cover the lid. Leave it for an hour. Serve in place of water every other day.

NOTES

- Those suffering from symptoms of accumulated Heat and overwhelming Fire in the body, such as acnes, constipation, oral blisters or poor sleeping quality, should refrain from consuming this tea. Those who habitually stay up late should not consume either because of their trapped Heat. They should drink more water, replenish vitamin C and eat fruits of cool nature such as kiwis.

Soymilk with Cacao and Cinnamon

MEDICINAL ACTION

Expels Coldness, relieves pain, warms and invigorates the meridians and alleviates menstruation pain. However, pregnant women should avoid.

INGREDIENTS

- 2 tsp cacao powder
- 1/2 tsp ground cinnamon
- 1 cup soymilk

METHOD

1. Heat soymilk. Add a little hot soy milk to the cacao powder and cinnamon. Mix into a paste.
2. Pour the cacao mixture back to soymilk and cook for a while. Serve.

NOTES

- I recommend black soymilk as it is more nutritious.

Dried Longan in Sweet Fermented Rice

MEDICINAL ACTION
It warms and invigorates Spleen and Stomach, relieves stress and calm the nerves.

INGREDIENTS
- sweet fermented rice
- 5 dried longan pulp

METHOD
Mix together dried longan pulp and sweet fermented rice. Leave them overnight and serve on the following day.

NOTES
- Those with diabetes should avoid.

Amaranth Seeds and Quinoa Porridge

INGREDIENTS
- 1 cup mixture of amaranth seeds and quinoa
- 2 to 3 cups water

METHOD
1. Soak amaranth seeds and quinoa overnight in water to remove the oxalic acid.
2. Discard the soaking water. Put the ingredients in a rice cooker. Add 2 to 3 cups of water. Start the cooking programme.
3. You can make more porridge than you need for one meal and refrigerate any leftover. Just reheat and serve.

SERVING RECOMMENDATIONS
- Stir-fry a tomato in cold pressed coconut oil and mix it in the porridge.
- As a breakfast, this dish is easy to make, and much more nutritious than the common staple of bread, noodles, fishball, shaomai and sausages. You don't need to starve to lose weight. Just serving a different breakfast goes a long way to helping you eat right.

Chia Seeds

METHOD

Depending on your appetite and build, soak 1 to 2 tbsp of chia seeds in water for at least 10 minutes. Season with honey (Diabetics should restrict their consumption to 2 tsp at most each day) and serve. Do not soak chia seeds in water hotter than 60°C. It is advisable to add cold water to them first. Research shows that the longer the chia seeds are soaked, the more their nutritious qualities can be activated.

NOTES

- Serve after soaking. The seeds will expand in water. No need to cook. Caution - never eat them dry as they may cause swallowing difficulties!

Chia Seeds and Bee Pollen Drink

INGREDIENTS

- 1 to 2 tsp honey
- 5 to 15 g bee pollen

METHOD

I usually soak chia seeds in water first. Then add honey and bee pollen. Transfer into a bottle and take it wherever you go. You can serve this drink in place of water. From my experience, it miraculously alleviates hunger while uplifting my spirits between meals.

Liquorice

METHOD

Liquorice is available in sliced or powder form in Chinese herbal stores. It can be used to replace sugar in everyday food and drinks.

NOTES

- Do not consume more than 2 slices a day. Don't worry whether it is sweet enough because it is 50 times sweeter than white sugar.

Blackstrap Molasses, unsulfured

METHOD

Start by using 1 tsp per day

NOTES

- It is advisable to rotate between honey, liquorice and blackstrap molasses as your source of sweetness. Even healthy ingredients may induce metabolic stress if we have too much of one thing every day.

Beetroots
Steamed Beetroot by my lazy sister

When my sister is feeling lazy she would:

1. Peel the beetroots and cut into small cubes. Arrange on a plate with raised edge.
2. Steam in a rice cooker while cooking rice. When the rice is done, so is the beetroot.

NOTES

- Plain steamed beetroot is delicious without any seasoning. It tastes better than beetroot cooked in soups. You can also drink the beet juice on the plate.

Beetroot and Carrot Juice

INGREDIENTS

- 1/2 beetroot
- 1/2 carrot
- 1 small slice ginger

METHOD

Press the ingredients in a juicer. The ginger helps neutralize the Coldness of the ingredients.

Cod and Shrimp Casserole with Beet

INGREDIENTS

- My lazy sister's Steamed Beetroot
  (Drain the juice and use only the beet cubes, preferably cooked till softer.)
- 1 tsp lime zest
- 1 tsp lemon zest
- juice of 1/4 lime
- juice of 1/4 lemon
- 2 tbsp chopped coriander
- 450 g cod
- 450 g large shrimps, shelled
- 1 tbsp coconut oil
- 1 large onion, chopped
- 2 cloves garlic, chopped
- 5 tomatoes, cut into pieces
- 1 can full-fat coconut milk
- 1 tsp fish sauce
- chilli powder

AROMATIC

- chopped coriander, lemon and lime zests

METHOD

1. Mixed cod and shrimps with lime and lemon zests, lime and lemon juices, and coriander. Refrigerate for 30 minutes.
2. Heat coconut oil in a pan. Fry onion until fragrant. Add garlic and fry until fragrant.
3. Add tomatoes, milk, fish sauce, and chilli powder. Simmer over low heat for 10 minutes. Crush the tomatoes and stir well. Cover the lid.
4. Put cod, shrimps and the marinade into the tomato mixture. Bring to boil over low heat. Cook till cod and shrimps are cooked through. Turn off the heat. Remove the seafood from the pot to prevent overcooking.
5. Add steamed beet cubes into the tomato soup. The sweet beet contrasts nicely with the soup's tanginess.
6. To serve, put cod and shrimps back in. Sprinkle with chopped coriander, lemon and lime zests. Serve.

Golden Thread Soup with Beetroot and Vegetables

INGREDIENTS

- 1 golden thread (or any fish)
- 1 beetroot, sliced
- 1 carrot, sliced
- 2 celery stalks, sliced
- 1 onion, chopped
- 2 stalks scallion, cut into short lengths
- 5 tomatoes, cut into pieces
- 5 slices ginger
- 2 litres boiling water

METHOD

1. Fry scallion in a little oil until fragrant. Fry the fish until golden on both sides. Slowly pour in a little boiling water and bring to the boil. Add boiling water and bring to the boil repeatedly for 10 minutes. Then add all remaining water. Add remaining ingredients and bring to the boil over high heat. Turn to low heat and simmer for 1.5 hours.
2. Turn off the heat and cover the lid. Leave it for 30 minutes. Season with salt. Serve.

Fresh Yam Rolled in Nori Seaweed

Commonly available in the market, fresh yam is a great ingredient for stabilising blood glucose levels.

METHOD

Peel and slice fresh yam. Steam and wrap each slice with a piece of Nori seaweed. Serve.

NOTES

Put on gloves when peeling fresh yam, as its slime may cause itchiness.

Coffee with Coconut Oil

METHOD

Add 1 to 2 tsp of cold pressed coconut oil in a cup of coffee. It enhances the texture and makes you feel less hungry.

Cornelian Cherry and Mulberry Leaf Tea

This tea alleviates the thirst, fever and restlessness among diabetics. It also eases physical exhaustion, dizziness, frequent urination and excessive sweating due to Asthenia.

INGREDIENTS

- 15 g cornelian cherry (shan zhu yu)
- 15 g goji berries
- 15 g dried raspberries
- 7 mulberry leaf teabags (2 g each)

METHOD

Put all ingredients in a thermal mug and add boiling water. Drink it throughout the day.

Refreshing, Slimming Drink

Though there isn't mulberry leaf in this drink, it still effectively alleviates the thirst, fever and restlessness among diabetics. It provides a good variation to the diet and a different set of nutrients to those with diabetes. It also helps reduce blood triglyceride level, while easing lower back and knee pain, dizziness and tinnitus. It is suitable for those overweight.

INGREDIENTS

- 10 g dried goji berries
- 10 g hawthorn
- 10 g dan shen
- 15 g he shou wu
- 12 g jue ming zi

METHOD

Simmer all ingredients in 2 litres of water until it reduces to 1.5 litres. Pour in a thermal mug and drink it throughout the day.

Guava Leaf Tea

Guava leaves are good for diabetics as it reduces blood triglyceride level, boosts insulin secretion and stabilises blood glucose level. It is also suitable for people with high blood pressure.

INGREDIENTS

- 5 g guava leaves

METHOD

Put guava leaves in a thermal mug and pour in boiling water. Cover the lid. Drink it instead of water for a day.

Ground Cinnamon

METHOD

Add ground cinnamon to coffee, tea and meals.

NOTES

Do not consume more than 1/2 tsp per day. Stop using cinnamon if you have oral ulcer or sore throat. It is not suitable for people with liver conditions.

Da Hua Xian Feng Cao Tea

It regulates blood pressure whether it is too high or too low. It also clears Heat in the Liver meridian, detoxifies, quenches thirst and eases oedema due to impaired renal functions.
According to the supplement to the Compendium of Materia Medica, Da Hua Xian Feng Cao helps treat diabetes. Modern research also shows that it could be a potent herb for tackling diabetes in future.

INGREDIENTS

- 40 g dried da hua xian feng cao (bidens alba)
- 1.5 litres water

METHOD

Put all ingredients in a pot. Cook for about 10 minutes. Discard the herb. Drink the tea throughout the day.

Herbal Tea for Reducing Blood Triglyceride Level

This recipe comes from a famous Chinese herbalist Yang Qi-lian. It nourishes the liver and kidney.

INGREDIENTS

- 15 g dan shen
- 15 g shou wu
- 15 g huang jing
- 15 g ze xie
- 15 g hawthorn
- 800 to 1000 ml water

METHOD

1. Put all ingredients in a pot. Add 800 ml of water. Bring to boil. Turn to low heat and simmer for 15 minutes. Divide into 3 servings for the day.
2. Alternatively transfer the tea to a thermal mug and drink it throughout the day.

NOTES

- Drink 1 serving each time, 3 times a day, at least half an hour after taking medication.

Bitter Melon Herbal Soup

It is suitable for those with Type 1 or 2 diabetes.

Throughout the glorious history of Chinese classical literature, Chinese medicine is always associated with legendary narratives. Staple characters include the hermit doctor with miraculous skills. Stories are told about rare herbs found in the middle of nowhere with eccentric morphology such as Lingzhi (whose healing power is up for discussion). Similarly, there is a legend behind the classic remedy Bitter melon Si Wu Tang. Rumour has it that a Taiwanese diabetic was cured by this secret remedy. The patient gave the herbalist in mainland China NT$1,000,000 to buy out his recipe and disclose it for the world to know.

To play safe, I consulted my good friend Ng Kai Tin, who is an expert in Chinese medicine. He believes this remedy is a variation of the blood-boosting classic Si Wu Tang, with the addition of bitter melon and four other herbs – Huai Shan and Du Zhong have proven to reduce blood glucose level by modern research whereas Huang Qi and Su Dang Shen replenish the Yin energy in Kidneys. Diabetics have impaired ability to pick up nutrients. For this reason, they should consume health tonics that appropriately cater to their needs.

INGREDIENTS

- 20 g dang gui
- 20 g chuan xiong
- 20 g bai shaw
- 20 g shu di
- 12 g dried yam
- 12 g du zhong
- 12 g huang qi
- 12 g dang shen
- 1 whole bitter melon with seeds, about 450 g

METHOD

1. Rinse all the ingredients.
2. In the morning, boil the ingredients in 4.5 cups of water until it reduces to 2 cups. Serve and do not discard the solid ingredients. At night, add 2.5 cups of water to the solid ingredients. Boil until it reduces to 1 cup. Serve.

SERVING RECOMMENDATIONS

Serve it like a soup and drink it with meals. Serve twice a day for a month. It's advisable to consult your doctor before consuming.

Lime and Chicken Soup for Lowering Blood Glucose Level

This is another effective recipe for reducing blood glucose level. Drink 2 bowls per day and make a big pot once a week.

INGREDIENTS

- 1 chicken
- 4 Thai limes
- 2 slices ginger

METHOD

1. Rinse chicken. Remove the legs, wings and breast and set aside for other dishes.
2. Put chicken carcass and ginger in a pressure cooker. Add 3 litres of water. Bring to boil over high heat and boil until steam appears. Turn to medium-low heat and cook for 30 minutes.
3. Open the cooker after natural release is completed. Rinse and cut the limes in half. Put them in the chicken soup. Boil for 15 minutes without applying pressure.
4. The limes are the potent ingredient in this soup. You might as well just boil limes in water for similar effect. But the bottom line is – never add any sugar.

Black Wood Ear Fungus and Maitake Mushroom Pureed Soup

Black wood ear fungus with white velvety underside cleanses the blood vessels. It picks up fat molecules and thus help improve hypertension, high blood triglyceride and cholesterol levels.

INGREDIENTS

- 3 pcs (about 40 g) white back black fungus
- 2 dried maitake mushrooms
- 5 red dates (de-seeded)
- 2 slices ginger

METHOD

1. Soak black fungus and maitake mushrooms in 1.5 litres of water for 1 hour.
2. Boil all ingredients in the soaking water over high heat. Turn to low heat and cook for 45 minutes.
3. Let cool and puree in a blender.

Drink 1 cup every morning before breakfast. Drink 1 cup an hour after dinner. The whole course of treatment lasts for 25 days. When your blood triglyceride level or blood pressure is back to normal, drink it once in a while as a preventive measure.

ADVANCED VERSION

Add 1 tbsp of ground black sesames (Whole sesames cannot be digested by our body).

TO MAKE GROUND BLACK SESAME

1. Soak 300 g of black sesames in a pot. Strain and drain. Toast over low heat in a dry wok until they are dry and can be crushed with your fingers.
2. Let the black sesames cool down. Grind into powder in a blender in 3 batches.
3. If the ground sesames are not consumed right away, dry them in an oven or under the sun. Then let cool and store in an airtight container for later use.

Okra Tea for Diabetics

This is a simple ancient recipe.
It is rich in protein and low in calories; suitable for people on diet. Okra is cold in nature. Those with Coldness in the spleen and stomach and those prone to diarrhoea should add ginger to this tea.

INGREDIENTS

- 2 fresh okra
- 2 slices ginger

METHOD

1. Boil ginger in water until flavour is infused. Let cool to room temperature.
2. Cut off both ends of fresh okras and slice them. Do not cook them.
3. Soak okras in the ginger water overnight. Strain and drink the next morning before breakfast.

NOTES

- After taking this okra tea for a few months, some diabetics on insulin treatment for years may be able to drop the medication. They still insist on taking okra tea regularly. Of course, before you stop taking any prescribed medication, seek advice from your doctor first.

Braised Sea Cucumber with Huang Jing and Dang Shen

This dish strengthens the spleen, nourishes kidneys, boosts Yin energy, lower blood triglyceride level and blood pressure.

INGREDIENTS

- 30 g huang jing
- 30 g dang shen
- 30 g spring onion
- 19 g dried goji berries
- 200 g soaked sea cucumber
- rice wine
- ginger slices
- salt
- five-spice powder
- vinegar

METHOD

1. Soak the sea cucumber in water for 6 hours. Drain and cut into segments. Set aside.
2. Soak dang shen in warm water for 10 minutes. Drain. Put dang shen and huang jing in a bowl. Set aside.
3. Fry spring onion in oil until fragrant and lightly browned. Add sea cucumber and keeping stirring. Add rice wine, 250 ml of water, huang jing, goji berries and ginger. Turn to low heat and cook for 40 minutes until the sea cucumber is mushy. Season with salt, five-spice powder and vinegar. Stir well and bring to boil. Serve.

NOTES

- Huang jing is available in Chinese herbal stores.

Cloud Ear Fungus and Konnyaku Cold Appetizer

This salad helps the metabolism of fat and keeps blood vessels supple.

INGREDIENTS

- 40 g cloud ear fungus (soak in water till soft)
- 1 konnyaku slab

DRESSING

- soy sauce
- grated garlic
- grated ginger
- chopped spring onion
- sesame oil

METHOD

1. Blanch cloud ear in boiling water. Drain. Cut the large ones in half.
2. Blanch konnyaku slab in boiling water and cut into thin strips. Toss with cloud ear fungus. Mix the dressing ingredients together. Drizzle on the cloud ear fungus and konnyaku.
3. Toss well and serve.

NOTES

- Konnayku slab is available in Japanese supermarkets.

Hawthorn Tea with Corn Silk and Kelp

It promotes mild diuresis, lowers blood pressure, burns fat, promotes weight loss and aids digestion. It is suitable for those with any type of diabetes and it helps detoxification after chemotherapy.

INGREDIENTS

- 30 g hawthorn
- about 60 g dried corn silk
- about 20 g kelp (soak in water till soft)
- 800 to 1000 ml water

METHOD

1. Rinse hawthorn. De-seed and slice it.
2. Finely shred kelp. Rinse corn silk.
3. Put hawthorn, corn silk and kelp in a muslin bag. Tie to secure.
4. Pour water in a pot. Put in the muslin bag with hawthorn, corn silk and kelp. Bring to boil over high heat. Turn to low heat and simmer for 15 minutes.
5. Drink throughout the day.

NOTES

- Fresh corn silk is available in wet markets. Dried ones are available in Chinese herbal stores. Both fresh and dried ones can be used for this recipe.

Ancient Tea for Diabetics

This recipe is mainly for diabetics having problems controlling blood glucose level despite prolonged periods of treatment.

INGREDIENTS

- 10 g black plums
- 10 g wu wei zi
- 150 g shan zhu yu (cornelian cherry)
- boiling water

METHOD

1. Rinse black plums, wu wei zi and shan zhu yu. Transfer into a thermal mug. Pour in boiling water and cover the lid. Let it sit for 30 minutes. Serve.
2. To begin with, drink 1 serving per day in the morning or at night. Later on, you may increase the dosage to 2 servings per day, once in the morning and once at night. Never add any sugar to this tea.

NOTES

- Plum extract powder is made with black plum. For this recipe, you may use 1/4 tsp of plum extract powder instead of 10 g of black plum. The method and serving instruction remain the same.

Mung Bean Soup with Honeysuckle Flower

This soup alleviates itchy skin and oedema due to diabetes. It also helps improve eczema conditions.

INGREDIENTS

- 100 g mung beans
- 30 g dried honeysuckle flower
- 1 litre water

METHOD

1. Soak mung beans in water overnight. Drain and refill with fresh water 2 and 3 times throughout the process.
2. Soak honeysuckle flower in water and rinse well.
3. Put mung beans and 1 litre of water in a pot. Bring to the boil over high heat. Turn to low heat and cook for 30 minutes. Add honeysuckle flower. Turn off the heat and keep the lid covered. Leave it for 15 minutes. Serve.

NOTES

- Add liquorice if you want it sweeter.
- Dried honeysuckle flowers are available in Chinese medicine stores.

Soybean Soup with Kelp and Laver

This soup helps to lower blood pressure and blood glucose level, burns fat, detoxifies, facilitates bowel movement and prevents weight gain.

INGREDIENTS

- 10 g kelp
- 10 g dried laver
- 30 g soybeans
- 1 small slice ginger
- 2 litres water

METHOD

1. Soak kelp and dried laver in water until soft. Soak soybeans in water for a while (It works best to soak them overnight and discard water).
2. Put all ingredients in a pot. Add 2 litres of water. Cook for 1 hour.
3. Season with salt. Serve.

Flax Seeds

Flax seeds are rich in the chemicals called lignans. They help to control abnormal secretion of testosterone. Flax seeds also contain much omega-3 fatty acids that stabilize blood glucose level and reduces inflammation of the blood vessels.

METHOD

1. Grind flax seeds with a clean coffee grinder. Make sure you consume within 15 minutes after they are ground to avoid oxidation and diminished nutritional value. You can add ground flax seeds to plain yoghurt.
2. You may also consume cold-pressed flax seed oil directly. Take 1 tbsp every day after eating breakfast.

NOTES

- Flax seed oil must be refrigerated.

Cinnamon

Cinnamon has been the subject of research in a number of clinical studies. The latest, by Columbia University, shows that it can improve insulin resistance and alleviate abnormal or irregular menstruation associated with polycystic ovary syndrome.

METHOD

1. Add 1/2 to 1 tsp of ground cinnamon in a cup of warm water. Have 1 to 2 cups every day. Do not have more than 2 tsp of ground cinnamon per day. Drink for a few months.
2. You may also add ground cinnamon to cereal or yoghurt. Start with a small amount and do not consume more than 2 tsp of ground cinnamon per day.

NOTE

- Cinnamon can lower blood glucose level. If you take medication because of insulin resistance, consult your doctor for advice. If you have symptoms associated with accumulated Heat and overwhelming Fire after eating cinnamon, such as oral ulcer, acnes or poor sleep quality, stop taking it. When symptoms subside, eat cinnamon every other day.

Blueberry and Chia Seed Smoothie

INGREDIENTS

- 1 tbsp chia seeds
- 300 g fresh blueberries

METHOD

1. Soak chia seeds in water for 20 minutes.
2. Blend chia seeds with blueberries and some water in a blender. (You may use fresh raspberries as a variation.)

作者簡介

嚴浩，國際知名得獎導演、暢銷書作家、專欄作家、食療養生達人，分享的秘方功效顯著，網上追隨者遍布世界。近年來將天然食療與來自歐洲的頂級隱世醫學結合，創立「食療主義」健康綠洲，為更有效提高大眾健康繼續做貢獻。

嚴浩天然養生藥廚 光復肚皮食養療法

作者 Author
嚴浩 Yim Ho

策劃/編輯 Project Editor
Catherine Tam

攝影 Photographer
Imagine Union

設計 Design
Nora Chung

出版者 Publisher
Wan Li Book Company Limited
香港鰂魚涌英皇道1065號 東達中心1305室
Room 1305, Eastern Centre, 1065 King's Road, Quarry Bay, Hong Kong.
電話 Tel: 2564 7511
傳真 Fax: 2565 5539
電郵 Email: info@wanlibk.com
網址 Web Site: http://www.wanlibk.com
http://www.facebook.com/wanlibk

發行者 Distributor
香港聯合書刊物流有限公司
SUP Publishing Logistics (HK) Ltd.
香港新界大埔汀麗路36號 中華商務印刷大廈3字樓
3/F., C&C Building, 36 Ting Lai Road, Tai Po, N.T., Hong Kong
電話 Tel: 2150 2100
傳真 Fax: 2407 3062
電郵 Email: info@suplogistics.com.hk

承印者 Printer
中華商務彩色印刷有限公司
C&C Offset Printing Co., Ltd.

出版日期 Publishing Date
二〇一八年四月第一次印刷
First print in April 2018

ISBN 978-962-14-6640-2
Published in Hong Kong